U1001003

建筑环境与能源应用工程专业测试及实验教程

主　编　高蓬辉　张东海
参　编　高　涛　张红英
王义江　孙　猛

中国矿业大学出版社
·徐州·

内容简介

本教材作为建筑环境与能源应用工程专业本科生的实验教学用书，有助于系统培养学生分析测试和科学实验的能力。

本书包含了工程热力学、传热学、流体力学、暖通空调、建筑环境测试技术等课程的实验内容。通过本书的实践训练，可以使学生掌握基本仪器设备的测试原理，熟悉基本专业实验和综合专业实验的目的和要求、实验装置及原理、实验方法及步骤以及实验数据的采集、记录和分析整理，学会分析和处理实验资料和数据，并写出完整的实验报告，为将来从事科学研究和生产实践打下良好的基础。

图书在版编目(CIP)数据

建筑环境与能源应用工程专业测试及实验教程/高蓬辉，张东海主编. —徐州：中国矿业大学出版社，2023.9

ISBN 978-7-5646-5285-2

Ⅰ. ①建… Ⅱ. ①高… ②张… Ⅲ. ①建筑工程—环境管理—实验—高等学校—教材 Ⅳ. ①TU-023

中国版本图书馆 CIP 数据核字(2021)第 274426 号

书　　名　建筑环境与能源应用工程专业测试及实验教程
主　　编　高蓬辉　张东海
责任编辑　潘俊成
出版发行　中国矿业大学出版社有限责任公司
　　　　　　(江苏省徐州市解放南路　邮编 221008)
营销热线　(0516)83885370　83884103
出版服务　(0516)83995789　83884920
网　　址　http://www.cumtp.com　**E-mail**:cumtpvip@cumtp.com
印　　刷　苏州市古得堡数码印刷有限公司
开　　本　787 mm×1092 mm　1/16　**印张** 13　**字数** 248 千字
版次印次　2023 年 9 月第 1 版　2023 年 9 月第 1 次印刷
定　　价　36.00 元
(图书出现印装质量问题，本社负责调换)

前　言

建筑环境与能源应用工程专业作为入选教育部“新工科”专业之一，学生动手能力、科研能力和实践创新能力的培养成为实训课程建设的核心。本书系统地介绍了建筑环境与能源应用工程专业基础课程与专业课程中的实验项目及相关测试技术，并且给出了各实验项目的实验目的、实验仪器的构造和工作原理、实验方法、实验数据记录和分析等。

本书以基础知识、专业基础实验以及专业综合实验为主线，主要内容包括测试原理、专业基础（热工）实验和专业综合实验三个部分。第一部分主要包括测试的基本仪器和原理，第二部分主要包括工程热力学、传热学、流体力学基础方面的实验，第三部分主要包括暖通空调、环境测试方面的实验。

本书的编写吸取了兄弟院校同仁们丰富的教学经验与科研成果，并参考了已出版的一些国内外教材的内容，在此一并致谢。特别感谢研究生闫昊阳、李智勇、温婷予、滕剑波、程昊天在教材编写方面付出的辛勤劳作！

限于编者学术水平和教学经验，书中错误和不妥之处在所难免，恳请读者及兄弟院校使用本书的师生批评指正。

作　者

2023 年 3 月

目　录

第一部分　测试原理

第二部分　专业基础实验

第三部分　专业综合实验

第一部分　测试原理

第一章 绪 论

第一节 测量的基本知识

一、测量的意义

测量是人类对自然界中客观事物取得数量观念的一种认识过程。在这一过程中，人们借助专门工具，通过试验和对试验数据进行分析计算，求得被测对象的值，获得对客观事物的定量的概念和内在规律的认识。可以说，测量就是为取得未知参数值而做的全部工作，包括测量的误差分析和数据处理等计算工作。

人类的知识许多是依靠测量得到的。在科学技术领域内，许多新的发现、新的发明往往是以测量技术的发展为基础的，测量技术的发展推动着科学技术的前进。在生产活动中，新的工艺、新的设备的产生，也依赖于测量技术的发展水平，而且可靠的测量技术对于生产过程自动化、设备的安全以及经济运行都是不可少的先决条件。无论是在科学实验中还是在生产过程中，一旦离开了测量，必然会给工作带来巨大的盲目性。只有通过可靠的测量，然后正确地判断测量结果的意义，才有可能进一步解决自然科学和工程技术上提出的问题。

测量技术对自然科学、工程技术的重要作用越来越为人们所重视，它已逐步形成了一门完整的、独立的学科，这门学科主要研究测量原理、测量方法、测量工具和测量数据处理。根据被测对象的差异，测量技术可分为若干分支，例如力学测量、电学测量、光学测量、热工测量等。测量技术的各个分支既有共同需要研究的问题，如测量系统分析、测量误差分析与数据处理理论；又有各自不同的特点，如各种不同物理参数的测量原理、测量方法和测量工具。

二、测量的定义

测量是指人们借助专门的工具，通过实验的方法和对实验数据的分析计算，获得被测量的过程。被测量可以用下式表示：

$$x_0 = \mu U \tag{1-1}$$

式中 x_0——被测量；

U——被测单位；

μ——被测量的真实数值，也称为真值。

由于测量误差会不可避免地出现，所以在测量时应尽量使测量值接近于真实值。为了最大限度地减少误差，应当选择合适的测量方法，采用国家或国际公认的测量单位，使用足够精确的测量仪器，同时还应减少不必要的主观影响和环境影响带来的误差。

三、测量的方法

按照测量参数结果的获得途径来区分，测量可以分为直接测量和间接测量两种。直接测量是指被测量参数的数值可以直接在测量仪器上指示或者显示出来。如用玻璃柱温度计或者数字显示温度计测量温度，用压力表测量压力或者压差，用数字万用表测量电流、电压和电阻等。间接测量是指被测量参数的数值不能直接由测量仪器提供，而是将直接测得的相关参数值，用某种函数关系计算间接获得最终的被测参数数值。如测量电路中一段输出功率的大小；又如，测量一段管路的阻力损失系数，首先要测量出管路的特征速度和阻力损失（压差），然后由相关的公式计算阻力损失系数。

按照测量方法来区分，测量又可以分为接触式测量和非接触式测量两种。接触式测量是指仪表要与被测物体接触，如用皮托管测量管道中的速度，必须将皮托管伸进管路中；非接触式测量是指仪表可以远离被测物体，测量中不破坏它的固有状态，如用红外线热像仪测量物体的温度。

第二节 测量的误差

在测量过程中，由于受到测量装置的限制、环境条件的影响、测量方法的不同和测量人员心理上、生理上等原因的作用，不可避免地会造成测量结果与被测真值之间的差异，称之为测量误差。测量误差反映了测量质量的好坏，误差值越小，说明测定值越接近于真值。根据测量误差的规律性，找出消除或减小误差的方法，科学地表达出测量结果，合理地设计测量系统，这就是测量误差分析的目的。

一、测量误差的表示方法

测量误差一般可用绝对误差和相对误差表示。

1. 绝对误差

绝对误差是指仪表的测量值与被测量的真实值之间的差值，即：

$$\delta = x - x_0 \tag{1-2}$$

式中 δ——绝对误差；

x——测量值；

x_0——被测量的真实值。

在测量过程中测量误差的存在是不可避免的，任何测量值都只能近似反映被测量的真实值。也就是说，在实际测量中，绝对准确的真实值是得不到的。因此，在常规的测量中，一般把比所用的测量仪表更准确的标准表的测量结果作为被测量的真实值。

2. 相对误差

相对误差是指仪表的绝对误差与被测量的真实值之比，用百分数表示，即：

$$\text{相对误差} = \frac{x - x_0}{x_0} \times 100\% \tag{1-3}$$

对于大小不同的测量值，相对误差比绝对误差更能反映测量值的准确程度，相对误差越小，测量的准确性越高。

二、测量误差的分类

首先要弄清楚等精度测量的概念。所谓等精度测量，是指用同一仪器设备，按照同一方法，由同一观测者在同一环境条件下所进行的测量。

在等精度测量过程中，根据误差的来源，可以将误差分为系统误差、随机误差和粗大误差。

1. 系统误差

系统误差也称为工具误差，是测量系统不完善或工作原理不完善所引起的。如仪器的设计不完善或制造加工过程有缺陷，仪器的原材料或附件性能不能满足工艺上的要求；测量工作条件和周围环境发生变化，读数装置有问题，仪器的动态响应跟不上；等等。系统误差值呈某一确定的规律，可能是线性的、周期性的，或者呈复杂规律变化。

系统误差表征测量结果的正确度，系统误差越小，测量结果越接近被测量的实际值。系统误差是可以采取措施减小的。

2. 随机误差

随机误差是指在等精度测量条件下，由于大量的偶然因素，多次测量同一物理量时的测量误差。随机误差或大或小，而且符号都不固定，具有随机变化的特点，但测量结果总体上服从一定的统计规律（如服从正态分布），可以通过数理统计的方法处理。随机误差越大，表明测量精度越差。

3. 粗大误差

粗大误差是指测量结果中有非常明显的误差，也称为过失误差。例如给错测量物理量、读错数据、写错记录等。这种误差没有任何规律可循，必须从测量结果中剔除。但是这类测量出来的数据，由于开始并不知道它的误差性质，不能轻易剔除；需要先怀疑它，然后按照下述方法来处理：① 将可疑值放在一边，先将其余测量值计算出算术平均值和平均绝对误差；② 计算该可疑值与算术平均值的差值，如果这个差值大于平均绝对误差的 4 倍，则可以将该可疑值剔除掉。

三、测量的准确度、精密度和正确度

1. 准确度

多次测量的平均值与真实值的相一致程度，称为准确度。它是建立在精密度和正确度的基础上，表示测量结果中系统误差和随机误差大小的程度。准确度是衡量测量质量好坏的重要标志之一，通常用相对误差来表示，误差小，则准确度高；误差大，则准确度低。

2. 精密度

精密度是指在相同条件下，对被测量值进行多次测量，测量值之间的重复性程度。它表征测量过程中随机误差的大小，随机误差越大，测量值越分散，精密度越低；随机误差越小，测量值越密集，则精密度越高。精密度通常以算数平均差、标准差和方差来量度。

3. 正确度

对同一被测量进行多次测量，测量值偏离被测量真实值的程度。它表征测量过程中系统误差的大小，系统误差越小，正确度越高。

精密度与准确度是两个不同的概念，但又有一定程度上的联系，仪器的精密度好，其准确度不一定高；如果要提高准确度，一定要求仪器的精密度好，因为系统误差并不影响仪器的精密度，但它会影响测量结果的准确度。

第三节　直接测量的误差分析与处理

从测量误差的来源可以看出，有些误差（如环境误差）在测量中是客观存在的，单次测量没有规律性，因此不能消除；而有些误差（如方法误差、仪表调整误差等）是固定不变或有规律的，可以消除。

一、随机误差(也称偶然误差)

在相同条件下(同一观测者、同一台测量器具、相同的环境条件等)多次测量同一被测量时,绝对值和符号不可预知地变化着的误差称为随机误差。由于随机误差是测量过程中大量彼此独立的微小因素对测量影响的综合效果造成的,所以它在测量中是始终存在的,难以消除;对于单个测量值来说,误差的大小和正负都是不确定的,但对于一系列重复测量值来说,误差的分布服从统计规律。假设在一定的条件下,对某个恒定的被测量 μ 进行 n 次等精度的重复测量,在消除系统误差和粗大误差的影响之后,得到一系列测量值 $x_1, x_2, \cdots, x_i, \cdots, x_n$,可以证明,此时被测量真值的最佳估计值就是各测量值的算术平均值 $\bar{x}$,即:

$$\hat{\mu} = \bar{x} = \frac{1}{n}(x_1 + x_2 + \cdots + x_i + \cdots + x_n) = \frac{1}{n}\sum_{i=1}^{n} x_i \tag{1-4}$$

如果 $n \to \infty$,即测量值的随机误差服从正态分布,测量值的标准误差 σ 可由下式确定:

$$\sigma = \sqrt{\frac{1}{n}\sum_{i=1}^{n}(x_i - \mu)^2} \quad (n \to \infty) \tag{1-5}$$

但是,在实际中测量次数 n 总是有限的,同时被测量真实值 μ 不知道,常用 $\bar{x}$ 来替代,故测量值的标准误差 σ 的估计值为:

$$S = \sqrt{\frac{\sum_{i=1}^{n}(x_i - \bar{x})^2}{n-1}} = \sqrt{\frac{\sum_{i=1}^{n} v_i^2}{n-1}} \quad (n\ 足够大) \tag{1-6}$$

式中 v_i——残差或剩余误差,$v_i = x_i - \bar{x}$;

$n-1$——自由度。

式(1-6)称为贝塞尔公式。

由于测量中最后的结果是以算术平均值 $\bar{x}$ 来表示的,可以证明,平均值 $\bar{x}$ 的标准误差的估计值为:

$$S_{\bar{x}} = \frac{S}{\sqrt{n}} = \sqrt{\frac{1}{n(n-1)}\sum_{i=1}^{n}(x_i - \bar{x})^2} \tag{1-7}$$

最后的测量结果可以表示为:

$$X = \bar{x} \pm 3S_{\bar{x}} = \bar{x} \pm 3\frac{S}{\sqrt{n}} \tag{1-8}$$

如果测量次数非常少(如 $n<10$),测量结果可由式(1-9)表示:

$$X = \bar{x} \pm t(\alpha, v)S_{\bar{x}} = \bar{x} \pm t(\alpha, v)\frac{S}{\sqrt{n}} \tag{1-9}$$

式中　$t(\alpha,v)$——t 分布的置信系数，可根据其显著性水平 α 和自由度 v 由表 1-1 确定。

表 1-1　t 分布的置信系数

$v=n-1$	$\alpha=1-p$		$v=n-1$	$\alpha=1-p$	
	0.05	0.01		0.05	0.01
1	12.71	63.70	14	2.14	2.98
2	4.30	9.92	15	2.13	2.95
3	3.18	5.84	16	2.12	2.92
4	2.77	4.60	17	2.11	2.90
5	2.57	4.03	18	2.10	2.88
6	2.45	3.71	18	2.09	2.86
7	2.36	3.50	20	2.09	2.84
8	2.31	3.36	21	2.06	2.79
9	2.26	3.25	22	2.04	2.75
10	2.23	3.17	23	2.02	2.70
11	2.20	3.11	24	2.00	2.66
12	2.18	3.06	25	1.98	2.62
13	2.16	3.01	26	1.96	2.58

二、粗大误差(也称疏失误差)

在测量中，由于测量人员粗心大意，读数错误，记录或运算错误以及在测量中操作不小心而使该次测量失误的误差称为粗大误差。或者说，明显歪曲测量结果的误差称为粗大误差。含有粗大误差的测定值称为坏值。当多次重复测量值中含有坏值时，舍弃坏值后的测量值才符合实际情况，但应注意不要轻易地舍弃被怀疑的实验数据。坏值的舍弃可简单地按下列准则决定。

1. 拉伊达准则

对于大量的重复测量值，如果其中某一测量值残差 $v_i=x_i-\bar{x}$ 的绝对值大于该测量列的标准差 σ 的 3 倍，那么可以认为该测量值存在粗大误差，即：

$$|v_i|=|x_i-\bar{x}|>3\sigma\approx 3S\quad(n\rightarrow\infty)\tag{1-10}$$

按上述准则剔除坏值后，应重新计算剔除坏值后列的算术平均值 $\bar{x}$ 的标准误差估计值 S，再进行判断，直至余下的测量值中无坏值的存在。

2. 格拉布斯准则

将重复测量值按大小顺序重新排列，$x_1\leqslant x_2\leqslant\cdots\leqslant x_n$，用下式计算首尾测

量值的格拉布斯准则数 T_i：

$$T_i = \frac{|v_i|}{S} = \frac{|x_i - \bar{x}|}{S} \quad (i \text{ 为 } 1 \text{ 或 } n, n \text{ 有限}) \tag{1-11}$$

然后根据子样容量 n 和所选取的显著性水平 α（α 一般可取 0.05 或 0.01），从表 1-2 中查得相应的格拉布斯准则临界值 $T(n,\alpha)$ 。若 $T_i \geqslant T(n,\alpha)$，则可认为 x_i 为坏值，应剔除，每次只能剔除一个测量值。若 T_1 和 T_n 都大于或等于 $T(n)$，则应先剔除 T_i 大者，再重新计算 $\bar{x}$ 和 S，这时子样容量只有 $n-1$，再行判断，直至余下的测量值中再未发现坏值。

表 1-2 格拉布斯准则临界值表

n	α		n	α	
	0.05	0.01		0.05	0.01
3	1.153	1.155	17	2.475	2.785
4	1.463	1.492	18	2.504	2.821
5	1.672	1.749	19	2.532	2.854
6	1.822	1.944	20	2.557	2.884
7	1.938	2.097	21	2.580	2.912
8	2.032	2.221	22	2.603	2.939
9	2.110	2.323	23	2.624	2.963
10	2.176	2.410	24	2.644	2.987
11	2.234	2.485	25	2.663	3.009
12	2.285	2.550	30	2.745	3.103
13	2.331	2.607	35	2.811	3.178
14	2.371	2.659	40	2.866	3.240
15	2.409	2.705	45	2.914	3.292
16	2.443	2.747	50	2.956	3.336

三、系统误差

系统误差指在同一条件下，多次重复测量同一量值时，误差的大小和符号保持不变（称为恒值系统误差）或按预定方式变化（称为变值系统误差）。例如，仪表机构设计原理上的缺点、仪表的不正确安装和调整、采用近似的测量方法、测量人员习惯上的读数偏高或偏低、测量条件偏离仪表规定工作条件等都会造成系统误差。

对于恒值系统误差，可通过校验仪表求得与该误差数值相等、符号相反的校正值，加到测量值上来消除。对于变值系统误差，可以通过实验方法找出产生误差的原因及变化规律，改善测量条件加以消除，也可以通过理论计算或在仪表上附加补偿装置加以校正。对于一些尚未被充分认识的未定系统误差，只能估计它的误差范围和方向（正、负号），然后将测量结果与平均估计误差值（这个值在数值上等于误差范围上、下限的代数平均值）相加来对测量结果进行校正。

四、测量结果的一般处理步骤

对于一列 n 次的等精度直接测量，其数据处理过程如下。

① 使用系统误差的处理方法，设法消除或减小系统误差对测量结果的影响。

② 在消除系统误差后，求 n 次测量的算术平均值：

$$\bar{x}=\frac{1}{n}\sum_{i=1}^{n}x_i \tag{1-12}$$

③ 求出对应的每一个测量值的剩余误差 $v_i=x_i-\bar{x}$，并用式 $\sum_{i=1}^{n}v_i=0$ 校核 v_i 计算结果的正确性。

④ 求测量值标准误差判断值 S。

⑤ 用粗大误差判别准则判断测量列中的坏值并剔除。

⑥ 重复过程②～⑤，直至测量列中没有坏值为止，然后算出 $\bar{x}$ 和 $S_{\bar{x}}$。

⑦ 测量结果可表示为：

$$X=\bar{x}\pm 3S_{\bar{x}}\quad（n\text{ 足够大}） \tag{1-13}$$

$$X=\bar{x}\pm t(\alpha,v)S_{\bar{x}}\quad（n\text{ 较小}） \tag{1-14}$$

五、直接测量中的误差综合

在测量中，当只存在系统误差或只有随机误差时，可以使用上述方法对测量结果进行处理，判断出测量结果的可靠程度。但是，当测量中这两种误差同时存在（实际情况也往往如此）时，要想准确地合成它们是不容易的。一般可采用如下方法进行估计。

在求得系统误差 ε 和标准误差估计值 S、$S_{\bar{x}}$ 后，从保守的观点出发，其总误差，对单次测量值为 $\pm(\varepsilon+3S)$，对平均值为 $\pm(\varepsilon+3S_{\bar{x}})$。

但是，系统误差和随机误差的最大值并不一定同时出现，显然上述总误差的估计偏大了，故有时也可用几何合成方法，对于单次测量值可表示为 $\pm\sqrt{\varepsilon^2+(3S)^2}$，对于平均值可表示为 $\pm\sqrt{\varepsilon^2+(3S_{\bar{x}})^2}$。

第四节 误差的合成、间接测量的误差传递与分配

实际测量中，误差的来源是多方面的，可能同时存在系统误差、随机误差和粗大误差。当粗大误差被剔除后，影响测量准确度的是系统误差和随机误差。测量的准确度是用多个不同类型的单项误差合成的总误差来度量的。

在间接测量时，直接测量值的误差会通过函数关系传递到间接测量值上。以电桥法测电阻为例，若要测电阻 R_x，$R_x = R_1 \cdot R_3 / R_2$，因此 R_x 的误差与 R_1、R_2、R_3 的误差都有关。这样就产生了两类问题：一是如果 R_1、R_2、R_3 的误差已知，应如何计算 R_x 的误差？二是如果要使 R_x 的测量误差满足使用要求，应如何决定 R_1、R_2、R_3 的误差上限。前一类问题称为间接测量的误差传递问题，后一类问题称为间接测量的误差分配问题。

本节将对误差合成、间接测量的误差分配问题做简要介绍。

一、随机误差合成

若测量结果中有 k 个彼此独立的随机误差，且各个误差的标准方差分别为 $\delta_1, \delta_2, \cdots, \delta_k$，则 k 个独立随机误差的综合效应是它们的方和根，即综合后误差的标准差 δ 为：

$$\delta = \sqrt{\sum_{i=1}^{k} \delta_i^2} \tag{1-15}$$

在计算综合误差时，经常用极限误差合成。只要测量次数足够多，可按正态分布来处理，极限误差 l_i 为：

$$l_i = 3\sigma_i \tag{1-16}$$

合成的极限误差 l 为：

$$l = \sqrt{\sum_{i=1}^{k} l_i^2} \tag{1-17}$$

若测量次数较少，用 t 分布按给定的置信水平求极限误差更合适，可参见相关资料。

二、系统误差合成

1. 确定的系统误差的合成

(1) 代数合成法

已知各系统误差的分量 $\varepsilon_1, \varepsilon_2, \cdots, \varepsilon_m$ 的大小及符号，可采用各分量的代数

和求得总系统误差 ε：

$$\varepsilon=\varepsilon_1+\varepsilon_2+\cdots+\varepsilon_m=\sum_{j=1}^{m}\varepsilon_j \tag{1-18}$$

(2) 绝对值合成法

在测量中只能估计出各系统误差分量 $\varepsilon_1,\varepsilon_2,\cdots,\varepsilon_m$ 的数值大小，但不能确定其符号时，可采用各分量的绝对值之和求得总系统误差 ε：

$$\varepsilon=\pm(|\varepsilon_1|+|\varepsilon_2|+\cdots+|\varepsilon_m|)=\pm\sum_{j=1}^{m}|\varepsilon_j| \tag{1-19}$$

对于 $m>10$ 的情况，绝对值合成法对误差的估计往往偏大。

(3) 方和根合成法

在测量中只能估计出各系统误差分量 $\varepsilon_1,\varepsilon_2,\cdots,\varepsilon_m$ 数值的大小，但不能确定其符号，且测量中系统误差的分量比较多($m>10$)时，各分量最大值同时出现的概率不大，它们之间可以相互抵消一部分。此时可采用方和根合成法：

$$\varepsilon=\pm\sqrt{\varepsilon_1^2+\varepsilon_2^2+\cdots+\varepsilon_m^2}=\pm\sqrt{\sum_{j=1}^{m}\varepsilon_j^2} \tag{1-20}$$

应当指出的是，当系统误差纯属定值系统误差(大小及符号确定)时，可直接采用与定值系统误差大小相等、符号相反的量去修正测量结果，修正后此项误差就不存在了。

2. 不确定系统误差的合成

(1) 各系统不确定度 e_p 线性相加，得总的不确定度：

$$e=\pm\sum_{p=1}^{q}e_p \tag{1-21}$$

此方法比较安全，但误差估计偏大，特别是 q 比较大时，更为突出。所以在 $q<10$ 时，才能应用此法。当 $q>10$ 时可用下面的两种方法。

(2) 方和根合成法，即：

$$e=\pm\sqrt{\sum_{p=1}^{q}e_p^2} \tag{1-22}$$

(3) 由系统不确定度 e_p 可算出标准差 δ_p，再取方和根合成，即：

$$\delta=\sqrt{\sum_{p=1}^{q}\delta_p^2}=\sqrt{\sum_{p=1}^{q}(e_p/k_p)^2} \tag{1-23}$$

式中　k_p——置信系数。

在一般科学与工程领域，不确定系统误差项 q 很少超过 10，所以，对于不确定系统误差采用线性相加法较为合适。

三、随机误差与系统误差的合成

在测量结果中，一般既有随机误差又有系统误差，其综合误差的合成过程如下。

设在测量结果中，有 k 个独立的随机误差，用极限误差表示为 $l_1, l_2 \cdots, l_k$，合成的极限误差为：

$$l = \sqrt{\sum_{i=1}^{k} l_i^2} \tag{1-24}$$

设在测量结果中，有 m 个确定的系统误差，其值分别为 $\varepsilon_1, \varepsilon_2, \cdots, \varepsilon_m$，合成的系统误差为：

$$\varepsilon = \sum_{j=1}^{m} \varepsilon_j \tag{1-25}$$

设在测量结果中，还有 q 个不确定的系统误差，其合成的不确定度为：

$$e = \pm \sqrt{\sum_{p=1}^{q} e_p^2} \tag{1-26}$$

则测量结果的综合误差为：

$$\Delta = \varepsilon \pm [e + l] \tag{1-27}$$

上式给出了随机误差和系统误差合成的一般表达式，在使用时应结合具体问题灵活应用。

四、间接测量的误差传递

进行间接测量时，如测量通过某一平板的热流量 Q，首先需测得平板面积 A 和平板前后的温度 T_1、T_2，然后根据公式 $Q = hA(T_2 - T_1)$ 计算出 Q。式中，A、T_1、T_2 为直接测量量，Q 为间接测量量。求解误差传递的问题就是已知每一项直接测量误差的情况下，求得间接测量的误差。

设直接测量量为 $x_1, x_2, \cdots, x_n$，间接测量量为 y，满足函数关系：

$$y = f(x_1, x_2, \cdots, x_n) \tag{1-28}$$

并设各 x_i 间彼此独立，x_i 绝对误差为 Δx_i，y 的绝对误差为 Δy，则有：

$$y + \Delta y = f(x_1 + \Delta x_1, x_2 + \Delta x_2, \cdots, x_n + \Delta x_n) \tag{1-29}$$

上式的泰勒展开式为：

$$y + \Delta y = f(x_1, x_2, \cdots, x_n) + \frac{\partial f}{\partial x_1}\Delta x_1 + \frac{\partial f}{\partial x_2}\Delta x_2 + \cdots + \frac{\partial f}{\partial x_n}\Delta x_n +$$

$$\frac{1}{2}\frac{\partial^2 f}{\partial x_1^2}(\Delta x_1)^2+\frac{1}{2}\frac{\partial^2 f}{\partial x_2^2}(\Delta x_2)^2+\cdots+\frac{1}{2}\frac{\partial^2 f}{\partial x_n^2}(\Delta x_n)^2+\cdots$$

略去上式右边的高阶项，得：

$$y+\Delta y\approx y+\frac{\partial f}{\partial x_1}\Delta x_1+\frac{\partial f}{\partial x_2}\Delta x_2+\cdots+\frac{\partial f}{\partial x_n}\Delta x_n$$

因此，有：

$$\Delta y\approx\frac{\partial f}{\partial x_1}\Delta x_1+\frac{\partial f}{\partial x_2}\Delta x_2+\cdots+\frac{\partial f}{\partial x_n}\Delta x_n=\sum_{i=1}^{n}\frac{\partial f}{\partial x_i}\Delta x_i=\sum_{i=1}^{n}\frac{\partial y}{\partial x_i}\Delta x_i \tag{1-30}$$

用相对误差的形式表示总的合成误差为：

$$\gamma_y=\frac{\Delta y}{y}=\frac{\partial y}{\partial x_1}\cdot\frac{\Delta x_1}{y}+\frac{\partial y}{\partial x_2}\cdot\frac{\Delta x_2}{y}+\cdots+\frac{\partial y}{\partial x_n}\cdot\frac{\Delta x_n}{y}=\sum_{i=1}^{n}\frac{\partial y}{\partial x_i}\cdot\frac{\Delta x_i}{y} \tag{1-31}$$

式(1-30)和式(1-31)为间接测量误差传递公式，可用作标准误差的传递公式，其中式(1-30)称为绝对误差传递公式，式(1-31)称为相对误差传递公式。如果对各直接测量量仅做一次测量，则可直接使用上述两式计算间接测量量的测量误差。

下面介绍常用函数的误差传递：

(1) 和差函数的误差传递

设函数关系式为：

$$y=x_1\pm x_2$$

$$y+\Delta y=(x_1+\Delta x_1)\pm(x_2+\Delta x_2)$$

将上两式相减得：

$$\Delta y=\Delta x_1\pm\Delta x_2 \tag{1-32}$$

若 Δx_1、Δx_2 符号不能确定，有：

$$\Delta y=\pm(|\Delta x_1|\pm|\Delta x_2|) \tag{1-33}$$

同样可得到相对误差为：

$$\gamma_y=\frac{\Delta y}{y}=\frac{\Delta x_1\pm\Delta x_2}{x_1\pm x_2} \tag{1-34}$$

或者写成：

$$\gamma_y=\frac{\Delta x_1\cdot x_1}{(x_1\pm x_2)x_1}\pm\frac{\Delta x_2\cdot x_2}{(x_1\pm x_2)x_2}=\frac{x_1}{(x_1\pm x_2)}\gamma_{x_1}\pm\frac{x_2}{(x_1\pm x_2)}\gamma_{x_2} \tag{1-35}$$

对于和函数，由上式可得：

$$\gamma_y = \pm\left(\frac{x_1}{x_1+x_2}|\gamma_{x_1}| + \frac{x_2}{x_1+x_2}|\gamma_{x_2}|\right) \tag{1-36}$$

对于差函数，有：

$$\gamma_y = \pm\left(\frac{x_1}{x_1-x_2}|\gamma_{x_1}| - \frac{x_2}{x_1-x_2}|\gamma_{x_2}|\right) \tag{1-37}$$

由式(1-37)可见，对于差函数，若直接测量量 x_1、x_2 的值比较接近，可能造成较大的误差。

(2) 积函数的误差传递

设积函数 $y=x_1 \cdot x_2$，则有绝对误差：

$$\Delta y = \frac{\partial(x_1 \cdot x_2)}{\partial x_1} \cdot \Delta x_1 + \frac{\partial(x_1 \cdot x_2)}{\partial x_2} \cdot \Delta x_2 = x_2 \cdot \Delta x_1 + x_1 \cdot \Delta x_2 \tag{1-38}$$

相对误差为：

$$\gamma_y = \frac{\Delta y}{y} = \frac{x_2 \cdot \Delta x_1 + x_1 \cdot \Delta x_2}{x_1 \cdot x_2} = \frac{\Delta x_1}{x_1} + \frac{\Delta x_2}{x_2} = \gamma_{x_1} + \gamma_{x_2} \tag{1-39}$$

若 γ_{x_1}、γ_{x_2} 都有正负号，则有：

$$\gamma_y = \pm(|\gamma_{x_1}| + |\gamma_{x_2}|) \tag{1-40}$$

(3) 商函数的误差传递

设商函数 $y=\frac{x_1}{x_2}$，且 x_1、x_2 绝对误差分别为 Δx_1、Δx_2，则商函数的绝对误差为：

$$\Delta y = \frac{\partial\left(\frac{x_1}{x_2}\right)}{\partial x_1} \cdot \Delta x_1 + \frac{\partial\left(\frac{x_1}{x_2}\right)}{\partial x_2} \cdot \Delta x_2 = \frac{1}{x_2} \cdot \Delta x_1 + \left(-\frac{x_1}{x_2^2}\right) \cdot \Delta x_2 \tag{1-41}$$

相对误差为：

$$\gamma_y = \frac{\Delta y}{y} = \frac{\Delta x_1}{x_1} - \frac{\Delta x_2}{x_2} = \gamma_{x_1} - \gamma_{x_2} \tag{1-42}$$

若 γ_{x_1}、γ_{x_2} 都有正负号，则有：

$$\gamma_y = \pm(|\gamma_{x_1}| + |\gamma_{x_2}|) \tag{1-43}$$

(4) 幂函数的误差传递

设幂函数 $y=kx_1^m x_2^n$，k、m、n 为常数，将积函数的合成误差略加推广，得：

$$\gamma_y = \pm(|m\gamma_{x_1}| + |n\gamma_{x_2}|) \tag{1-44}$$

五、间接测量的误差分配

误差分配是在已知要求的总误差的前提下，合理分配各误差分量的问题。当规定了间接测量结果的误差不能超过某一规定值时，可利用误差传递公式求出各直接测量量的误差允许值，从而满足间接测量量误差的要求。同时，可根据直接测量量允许误差的大小来选择合适的测量仪表。

设间接测量量 y 与各直接测量量 $x_1,x_2,\cdots,x_n$ 之间有如下关系：

$$y=f(x_1,x_2,\cdots,x_n) \tag{1-45}$$

根据标准误差的传递公式，间接测量量的标准误差为：

$$\hat{\delta}_y=\sqrt{\left(\frac{\partial f}{\partial x_1}\right)^2\hat{\delta}_{x_1}^2+\left(\frac{\partial f}{\partial x_1}\right)^2\hat{\delta}_{x_2}^2+\cdots+\left(\frac{\partial f}{\partial x_1}\right)^2\hat{\delta}_{x_n}^2} \tag{1-46}$$

现假设 $\hat{\delta}_y$ 已给定，要求确定 $\hat{\delta}_{x_1}^2,\hat{\delta}_{x_2}^2,\cdots,\hat{\delta}_{x_n}^2$。

显然，上述方程的解是不确定的。下面介绍按等作用原则分配误差的方法。

等作用原则认为，各个局部误差对总误差的影响相等，也就是可将总允许误差平均分配给各分项误差。令：

$$\frac{\partial f}{\partial x_1}\hat{\delta}_{x_1}=\frac{\partial f}{\partial x_2}\hat{\delta}_{x_2}=\cdots=\frac{\partial f}{\partial x_n}\hat{\delta}_{x_n}$$

从而有：

$$\hat{\delta}_y=\sqrt{n}\left(\frac{\partial f}{\partial x_i}\right)\hat{\delta}_{x_i}\quad (i=1,2,\cdots,n) \tag{1-47}$$

$$\hat{\delta}_{x_i}=\frac{1}{\partial f/\partial x_i}\cdot\frac{\hat{\delta}_y}{\sqrt{n}} \tag{1-48}$$

上式还可以用极限误差表示：

$$l_{x_i}=\frac{1}{\partial f/\partial x_i}\cdot\frac{l_y}{\sqrt{n}} \tag{1-49}$$

式中 l_{x_i}——各分项误差的极限误差；

l_y——给定的总误差的极限误差。

如果各个直接测量量的误差满足式(1-48)或式(1-49)，则所得的间接误差不会超过允许误差的给定值。

按等作用原理分配误差可能会出现不合理情况，这是因为计算出来的各个局部误差都相等，对于其中有的测量量要保证它的测量误差不超过允许范围是比较容易实现的，而对于其中另外的测量量由于要求的测量误差太小，势必要采用昂贵的高准确度仪表，或者技术上很难实现。

由 $\hat{\delta}_{x_i}=(\partial f/\partial x_i)^{-1}\cdot\hat{\delta}_y/\sqrt{n}$ 可见，各局部误差一定时，各个测量量的误差并不相等，有时可能相差很大。因此，按等作用原理分配误差，必须根据具体情况进行适当的调整。对于测量中难以保证的误差项适当扩大允许的误差值，对于测量中容易保证的误差项则尽可能减小误差值。

第二章　温度及热流量测量

第一节　温度测量的基本概念

温度是一个重要的物理量，它是国际单位制中七个基本物理量之一，也是科研和生产实践中重要的控制参数。但是，要准确地测量温度是很困难的，无论采用准确度多么高的温度计，如果选择不当，或者测量方法不适宜，均得不到满意的结果。

一、温度与温标的概念

1. 温度

温度是物质的状态函数，是表征物体冷热程度的物理量。

温度的宏观概念是建立在热平衡基础上的。任意两个温度不同的物体，只要有温度差存在，热量就会从高温物体向低温物体传递，直到两物体温度相等，即达到热平衡为止。在微观状态，温度是对分子平均动能大小的一种度量，其高低标志着组成物质的大量分子无规则运动的剧烈程度。温度是大量分子热运动的共同表现，含有统计意义。对于单个分子，温度是无意义的。

温度高低的准确判断，需要借助于某种物质的某种特性（例如物体的体积、长度或电阻等）随温度变化的一定规律来进行测量，由此产生了许多测量温度的传感器和与之对应的温度计。比较理想的物质及相应的物理性能有液体、气体的体积或压力，金属（或合金）的电阻，热电偶的热电动势和物体的热辐射，等等，这些物质随温度变化的特性都可作为温度测量的依据。

2. 温标

温标是为了保证温度量值的统一和准确而建立的一个用来衡量温度的标准尺度。温标是用数值来表示温度的一套规则，它确定了温度的单位。各种温度计的数值都是由温标决定的。温度这个量比较特殊，它是利用一些物质的相平衡温度作为固定点刻在标尺上。固定点中间的温度值则利用一种函数关系来描述，称为内插函数。通常把温度计、固定点和内插方程叫作温标的三要素。

3. 国际温标

为了使用方便，国际上协商确定一种既使用方便、容易实现，又能体现热力学温度（即具有较高准确度）的温标，这就是国际温标。我国从 1994 年 1 月 1 日起全面实行 1990 年国际温标（简称 ITS－9）。国际温标同时使用国际开尔文温度（T_{90}）和国际摄氏温度（t_{90}），它们的单位分别是“K”和“℃”。T_{90} 与 t_{90} 的关系为 $t_{90}=T_{90}-273.15$。

二、温度的测量方法简介

温度不能直接测量，而是借助物质的某些物理特性是温度的函数，通过对这些物理特性变化量的测量间接地获得温度值。

根据温度测量仪表的测量方法，通常可分为接触法和非接触法两类。

1. 接触法

由热平衡原理可知，当两个物体接触，经过足够长的时间达到热平衡后，则它们的温度必然相等。如果其中之一为温度计，就可以用它对另一个物体实现温度测量，这种测温方式称为接触法。其特点是温度计要与被测物体具有良好的热接触，使两者达到热平衡，因此测温准确度较高。用接触法测温时，感温元件要与被测物体接触，往往要破坏被测物体的热平衡状态，并受被测介质的腐蚀作用，因此，对感温元件的结构、性能要求苛刻。接触式测温仪表主要有热膨胀式温度计、热电阻温度计和热电偶温度计。

2. 非接触法

利用物体的热辐射能随温度变化的原理测定物体的温度，这种测温方式称为非接触法。它的特点是不与被测物体接触，也不改变被测物体的温度分布，热惯性小。从原理上看，用这种测温方法测温无上限。通常用来测定 1 000 ℃以上的移动、旋转或反应迅速的高温物体的温度。非接触式测温仪表主要有辐射温度计、光纤辐射温度计等，其中前者又分为全辐射温度计、亮度温度计和比色温度计。

第二节　膨胀式温度计

膨胀式温度计是利用物体受热膨胀的原理制成的温度计，具有结构简单、使用方便、测温范围较广、测温准确度较高、成本低廉等优点，主要有液体膨胀式温度计、固体膨胀式温度计和压力式温度计三种。

一、液体膨胀式温度计

液体膨胀式温度计最常见的是玻璃管式温度计，如图 2-1 所示。它主要由液体储存器、毛细管和标尺组成。根据所充填的液体介质不同能够测量－200～750 ℃范围的温度。

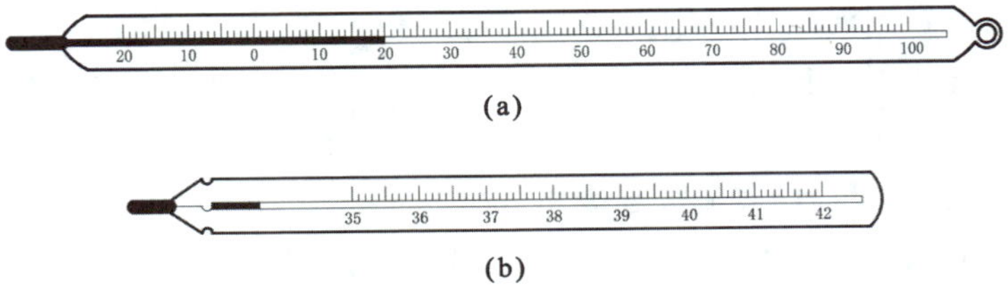

图 2-1　玻璃管式温度计

1. 玻璃管式液体温度计测温原理

玻璃管式液体温度计是利用液体体积随温度升高而膨胀的原理制作而成的。由于液体膨胀系数远比玻璃的膨胀系数大，因此当温度变化时，就引起工作液体在玻璃管内体积的变化，从而表现出液柱高度的变化。若在玻璃管上直接刻度，即可读出被测介质的温度值。工作液体的体膨胀系数越大，温度计的灵敏度就越高，测温精度也越高。酒精和水银是最常用的工作液体，它们及其他工作液体的测量范围见表 2-1。

表 2-1　玻璃管式液体温度计常用液体材料及其测温范围

温度计内液体	测温范围/℃
水银	－30～750
乙醇	－100～75
石油醚	－130～25
戊烷	－200～20
甲苯	－90～100

2. 玻璃管式液体温度计的主要特点

玻璃管式液体温度计的优点是直观、测量准确、结构简单、造价低廉，因此被广泛应用于工业、实验室和医院等各领域及日常生活中。但其缺点是不能自动记录，不能远传，易碎，测温有一定延迟。

玻璃管温度计所用的玻璃材料对温度计的质量起着重要作用。对测温在 300 ℃以上的玻璃温度计要用特殊的玻璃（硅硼玻璃），500 ℃以上则要用石英玻璃。

3. 玻璃管式液体温度计的分类

玻璃管式液体温度计根据应用的范围不同可分为以下几类。

(1) 标准温度计:用于精密测量和校准其他温度计,其准确度高,分度值一般为 0.1～0.2 ℃,基本误差在 0.2～0.8 ℃范围内。

(2) 实验室用温度计:用于实验室测温。

(3) 工业用温度计:用于工业测温,其准确度较低,允许误差可在 1～10 ℃之间。

(4) 电接点温度计:作温度控制用。

长期使用的温度计要定期校验并校正其零位,对零位漂移要做修正,不合格的不能使用,校验方法可按有关校验规程进行。

4. 玻璃管式液体温度计测温误差分析

玻璃液体温度计误差来源基本上可分为两大类:

(1) 玻璃液体温度计在分度或检定时由标准器和标准设备带来的误差。标准器的误差是由标准器本身的不确定度引入的。标准设备的误差包括电测设备的不确定度、恒温槽的温度场不均匀性等。这类误差是可以估算的。

(2) 玻璃液体温度计的特性及测试方法所引起的误差,又可分为:

① 零位变化产生的误差。由于玻璃材料有较大的热滞后效应,故当温度计被用来测量高温后立即用于测量低温时,其温包不能立即恢复到起始时的体积,从而使温度计的零位发生漂移,因此引起误差。

② 非线性误差。液体温度计是在两个固定点(冰溶点和水沸点)间均匀等分进行分度的,这实际上是把液体随温度变化的体积膨胀看成完全的线性关系,事实上液体的体积随温度的变化存在一定的非线性度,因而也会造成误差。

③ 温度计插入深度不够将引起误差。对温度计进行校准时,其全部液柱均浸没于被测介质中,但实际使用时却往往只有部分液柱浸没其中,从而引起温度计的指示值偏离被测介质的真实值。

④ 读数误差。由于读数时视线与标尺不垂直,与液柱面未处于同一水平面,因此会造成读数误差。此外,读数时只能小心转动温度计顶端的小耳环,切不可用手摸标尺或将温度计取出插孔,更不允许用手握住温包来读数,否则都会造成极大的读数误差。

二、固体膨胀式温度计

固体膨胀式温度计是利用两种线膨胀系数不同的材料制成的,有杆式和双金属片式两种,如图 2-2 所示。除用金属材料外,有时为了增大膨胀系数差,还选用非金属材料，如石英、陶瓷等。这类温度计常用作自动控制装置中的温度测量元件，它简单可靠，但精度不高。

双金属温度计是基于固体受热膨胀原理，通常把两片线膨胀系数差异相对很大的金属片叠焊在一起，构成双金属温度计。当温度变化时，因双金属片的两种不同材料的线膨胀系数差异相对很大而产生不同的膨胀和收缩，导致双金属片产生弯曲变形。在一端固定的情况下，如果温度升高，下面的金属因热膨胀而伸长，上面的金属却几乎不变，致使双金属片向上翘，温度越高则产生的线膨胀差越大，引起的弯曲角度也越大。

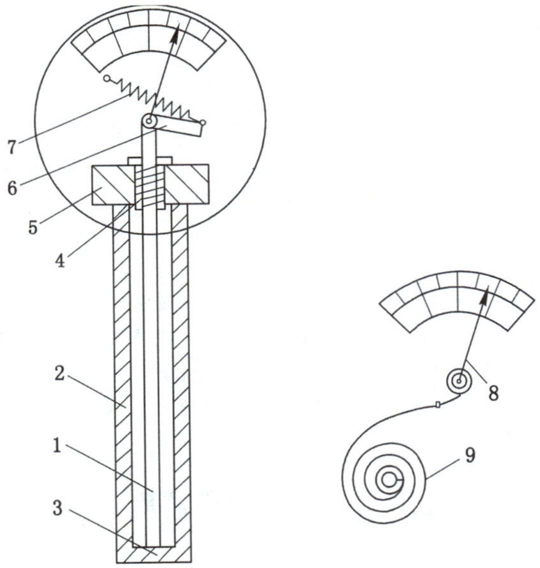

(a) 杆式　　(b) 双金属片式

1—芯杆；2—外套；3—顶端；4—弹簧；5—基座；6—杠杆；7—拉簧；8—指针；9—螺旋式双金属片。

图 2-2　固体膨胀式温度计

三、压力式温度计

压力式温度计是利用密闭容积内工作介质压力随温度升高而升高的性质，通过对介质的压力测量来判断温度值的一种机械式仪表。

压力式温度计的工作介质可以是气体、液体或蒸气，其结构如图 2-3 所示。它简单可靠、抗震性能好，具有良好的防爆性，故常用在飞机、汽车、拖拉机上，也可用它作温度控制信号。但这种仪表动态性能差，示值的滞后较大，也不能测量迅速变化的温度。

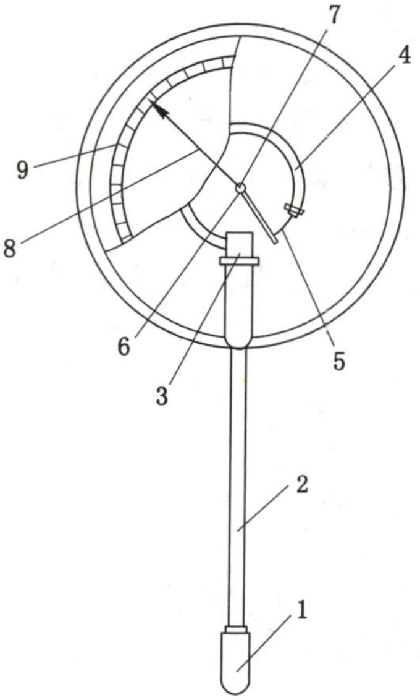

1—温包;2—毛细管;3—基座;4—弹簧管;5—拉杆;
6—扇齿轮;7—柱齿轮;8—指针;9—刻度盘。

图 2-3　压力式温度计

第三节　热电偶温度计

热电偶温度计是以热电偶作为测温元件,用热电偶测得与温度相应的热电动势,由仪表显示出温度的一种温度计。利用热电偶作为传感器的热电偶温度计测温范围低温可至 4 K,高温可达 2 800 ℃。热电偶能进行多点温度测量,其输出信号能够远距离传送,便于检测和控制。

一、热电偶的工作原理

1. 接触电势

两种不同导体 A、B 接触时,由于材料不同,两者具有不同的电子密度 N_A、N_B,如果 $N_A > N_B$,则在接触面产生自由电子扩散现象,从 A 到 B 扩散的电子数要比从 B 到 A 的多,结果 A 因失去电子而带正电荷,B 因得到电子而带负电荷。在 A、B 接触面上便形成一个从 A 到 B 的静电场,这个静电场将阻碍扩散作用的继续进行,同时加速电子向反方向转移。在一定温度下,如果从导体 A

扩散到导体B的电子数等于从导体B向导体A转移的电子数时，就达到了动态平衡。此时导体A、B之间形成的电位差称为接触电势，用$E_{AB}(T)$表示。

接触电势的大小只与接点温度的高低以及导体A和B的电子密度有关。温度越高，接触电势越大。两种导体电子密度比值越大，接触电势也越大。

2. 温差电动势

由于导体两端温度不同而产生的电势称温差电势。由于温度梯度的存在，改变了电子的能量分布，高温端电子将向低温端迁移，致使高温端因失电子带正电，低温端恰好相反，因获得电子带负电。因而，在同一导体两端也产生电位差，并阻止电子从高温端向低温端迁移，最后使电子迁移建立一个动平衡，此时所建立的电位差称温差电势或汤姆逊电势。

温差电势的大小取决于导体两端的温差和导体的自由电子密度，而自由电子密度又与导体材料成分有关。同种导体，温差越大，温差电势也越大。

3. 闭合回路的总电动势

在图2-4所示的闭合回路中，两个接点处有两个接触电势$E_{AB}(T)$和$E_{AB}(T_0)$；由于$T>T_0$，在导体A与B中还各有一个温差电势$E_A(T,T_0)$和$E_B(T,T_0)$。所以，闭合回路总热电动势$E_{AB}(T,T_0)$是接触电势与温差电势的代数和，即：

$$E_{AB}(T,T_0)=E_{AB}(T)-E_{AB}(T_0)+E_B(T,T_0)-E_A(T,T_0) \quad (2\text{-}1)$$

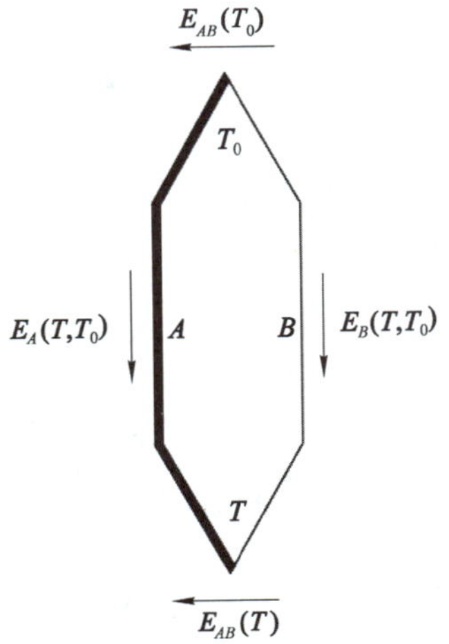

图2-4 热电偶闭合回路总电势

热电偶产生的热电势与自由电子密度及两接触点温度有关。自由电子密度不仅取决于热电偶材料特性，而且随温度变化而变化。所以，当热电偶材料一定时，热电势 $E_{AB}(T,T_0)$ 成为温度 T 和 T_0 的函数差，即：

$$E_{AB}(T,T_0)=f(T)-f(T_0) \tag{2-2}$$

如果能使冷端温度 T_0 固定，则对确定的热电偶材料，其热电势 $E_{AB}(T,T_0)$ 就只与热端温度呈单值函数关系，即：

$$E_{AB}(T,T_0)=f(T)-C \tag{2-3}$$

这种特性称为热电偶的热电特性，可通过实验方法求得。由此可见，当保持热电偶冷端温度 T_0 不变时，只要用仪表测得热电势 $E_{AB}(T,T_0)$，就可求得被测温度 T。

4. 中间导体定律及其应用

在热电偶回路中接入第三种导体 C，只要与第三种导体相连接的两接触点温度相同，则接入第三种导体后，对热电偶回路中的总电势没有影响。

把热电偶冷端接点分开后引入第三种导体，若被分开后两点的温度都相同且等于 T_0，那么热电偶回路的总电势为：

$$\begin{aligned}E_{ABC}(T,T_0)=&E_{AB}(T)+E_B(T,T_0)+E_{BC}(T_0)+\\&E_C(T_0,T_0)+E_{CA}(T_0)-E_A(T,T_0)\end{aligned} \tag{2-4}$$

式中，$E_C(T,T_0)=0$。

此外，导体 B 与 C、A 与 C 在接触点温度为 T_0 处接触电势之和为：

$$E_{BC}(T_0)+E_{CA}(T_0)=-E_{AB}(T_0) \tag{2-5}$$

则式(2-4)变为：

$$\begin{aligned}E_{ABC}(T,T_0)&=E_{AB}(T)-E_{AB}(T_0)+E_B(T,T_0)-E_A(T,T_0)\\&=E_{AB}(T,T_0)\end{aligned} \tag{2-6}$$

同理，还可加入第四、第五种导体等。根据这一定律，只要保证连接导线、仪表等接入时两端温度相同，则不影响热电势。

二、热电偶的结构

从结构上看，热电偶主要分为普通型、铠装型与薄膜型三种。热电偶的主要组成构件有热电极、绝缘物、保护管，如图 2-5 所示。

1. 热电极

它的直径由材料的价格、机械强度、电导率及用途和测温范围所决定。如果是贵金属，热电极直径多为 0.3～0.65 mm 的细丝；若是廉金属，热电极直径一般为 0.5～3.2 mm。热电极的长度由安装条件、热电偶的插入深度来决定，通常为 350～2 000 mm。

2. 绝缘套管

它的作用是防止两个热电极之间或热电极与保护套管之间短路。绝缘套管

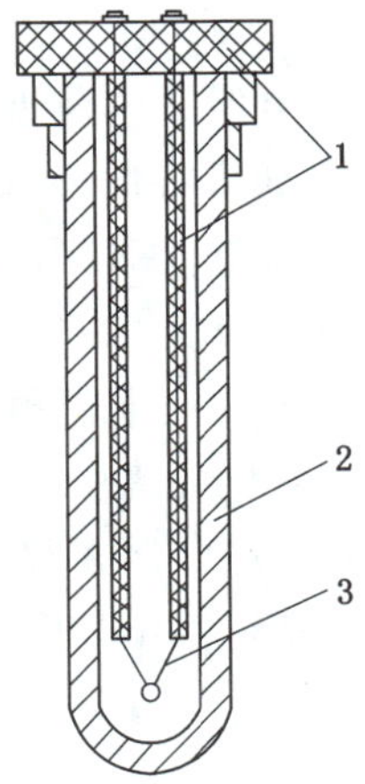

1—绝缘物；2—保护套管；3—热电极。

图 2-5　热电偶结构图

的材料由使用温度范围确定：在 1 000 ℃以下多采用普通陶瓷；在 1 000～1 300 ℃之间多采用高纯氧化铝；在 1 300～1 600 ℃之间多采用刚玉。补偿导线的绝缘材料多采用有机材料。

3. 保护管

它的作用是使热电偶不直接与被测介质相接触，以防机械损伤或被介质腐蚀、玷污。由此可见，保护管是热电偶得以在恶劣、特殊环境下使用的关键。保护管的材质一般根据测量范围、加热区长度、环境气氛以及测温的时间常数等条件来决定，主要有金属、非金属和金属陶瓷三种。

三、热电偶的分类

热电偶可分为标准化热电偶和非标准化热电偶。

1. 标准化热电偶

标准化热电偶是指生产工艺成熟、成批生产、性能优良并已列入工业标准文件中的热电偶，它具有统一的分度表，可互换并有配套的显示仪表供使用。

国际电工委员会（IEC）向各国推荐七种标准化热电偶，我国标准化热电偶已经采用 IEC 标准。

（1）廉金属热电偶

廉金属热电偶主要有以下几种：

① T 型（铜-康铜）热电偶。这种热电偶的测温范围为－200～350 ℃，在廉金属热电偶中准确度最高，热电势较大，其主要原因是铜丝的纯度高而无应力。低于－200 ℃时热电势变化急剧降低，350 ℃以上则主要受铜的氧化

限制。

② K 型(镍铬-镍铝或镍硅)热电偶。这种热电偶在廉金属热电偶中测温范围最宽(－200～ 1 100 ℃),温度-毫伏特性接近线性,热电势比 S 型热电偶大 4～5 倍。我国目前多用镍铬-镍硅热电偶取代镍铬-镍铝热电偶,它们的特性一样,而且脱氧化性强。它们使用同一分度表。

③ E 型(镍铬-康铜)热电偶。这种热电偶虽不及 K 型热电偶应用广泛,但在标准型热电偶中灵敏度最高,在氧化环境中可使用到 1 000 ℃。

④ J 型(铁-康铜)热电偶。该型热电偶在很多国家已作为工业上最通用的热电偶,它价廉、灵敏,但准确性和稳定性不如 T 型热电偶,在 0 ℃以下很少用。其测温上限在氧化性环境中可到 750 ℃,在还原性环境中可到 950 ℃。

(2) 贵金属热电偶

贵金属热电偶主要有以下几种:

① S 型(铂铑 10-铂)热电偶。在所有标准化热电偶中 S 型热电偶是准确度等级最高的,但热电势小,热电特性曲线非线性较大。长期使用测温上限可到 1 400 ℃,短期可测到 1 600 ℃,不适于还原性环境。

② R 型(铂铑 13-铂)热电偶。它与 S 型热电偶相比,除热电势稍大之外,其他特点均相同。它只作为引进设备的配件,不大量生产。

③ B 型(铂铑 30-铂铑 6)热电偶,又称为双铂铑热电偶。这种类型的热电偶具有铂铑铂热电偶的各种特点,抗污染能力强,具有较好的稳定性,长期使用上限可达 1 600 ℃。但这种热电偶热电势最小,灵敏度低,室温下热电势极小,$E(25)=-2$ mV,故使用时一般不采用补偿导线,也不适用于还原性环境。

2. 非标准化热电偶

随着生产和科学技术的发展,测温范围向超高温和深低温两极发展,测温精度的要求也日益提高,新的测温方法和新的传感器不断出现,有些热电偶目前尚无定型产品,热电势与温度的关系也没有标准化,所以称为非标准化热电偶。常用的有钨-铼系热电偶、钨-铱系热电偶等。

四、热电偶的冷端温度处理

由热电偶的原理可知,只有当热电偶冷端温度保持不变时,热电势才是被测温度的单一函数关系。但在实际应用时,冷端是暴露在空气中的,容易受到周围环境温度波动的影响,因而冷端温度难以保持恒定,为此要采用几种冷端温度补偿的方法。

1. 冷端温度校正法(计算法)

用补偿导线把热电偶的冷端延长到某一温度处(通常是环境温度),然后再对冷端温度进行修正。

假设检测温度为 T，热电偶冷端温度为 T_0，所测得的电势值为 $E(T,T_N)$，根据中间温度定则，有：

$$E_{AB}(T,0)=E_{AB}(T,T_N)+E_{AB}(T_N,0) \tag{2-7}$$

利用分度表先查出 $E_{AB}(T_N,0)$的数值，就可计算出合成电势 $E_{AB}(T,0)$的数值，按照该值再查分度表，得出被测温度 T。

2. 补偿导线法

为了使热电偶的冷端温度保持恒定，可把热电偶加长，使冷端远离热端，并连同测量仪表一起放置在恒温或温度波动较小的地方（如集中控制室）。这种方法要多消耗许多贵重金属，因此，一般是用某种导线将热电偶冷端延伸，此导线称为补偿导线（图 2-6），是用廉价金属制成的。在一定温度范围内（0～100 ℃），它具有和所连接的热电偶相同的热电性质。使用中正负极性不能接错。

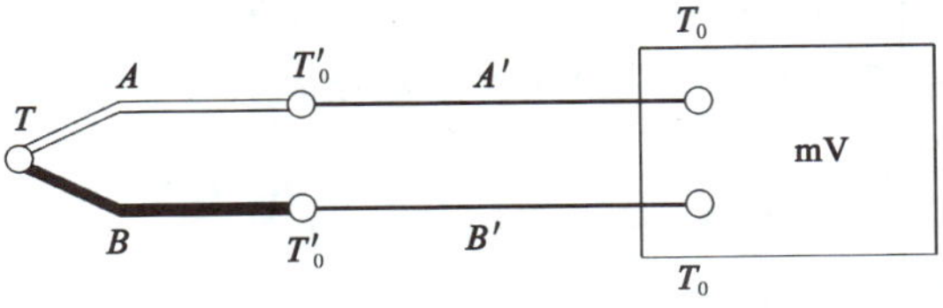

图 2-6　补偿导线连接的热电偶温度计

3. 冷端恒温法

保持冷端恒温的方法很多，常见的有以下几种：

① 冰点槽法：把冷端放在盛有绝缘油的试管中，然后再将其放入装满冰水混合物的冰点槽中。为了保持 0 ℃时误差能在±0.1 ℃之内，实验室对水的纯度、碎冰块的大小和冰水混合状态都有要求，另外对插入速度也应加以注意。为了防止短路，两根电极丝要分别插入各自的试管中。这种方法是一种理想方法，只适用于实验室和精密测量中，工业中使用极为不便。

② 恒温箱法：把冷端补偿导线引至电加热的恒温器内，维持冷端为某一恒定的温度。通常一个恒温器可供许多支热电偶同时使用，此法适于工业应用。

4. 补偿电桥法

补偿电桥法是在热电偶测温系统中串联一个不平衡电桥，此电桥输出的电压随热电偶冷端温度变化而变化，从而修正热电偶冷端温度波动引入的误差。主要有铜电阻补偿法、二极管补偿法、铂电阻补偿法等。

第四节 热电阻温度计

导体或半导体的电阻率与温度有关，利用此特性制成电阻温度感温元件，它与测量电阻阻值的仪表配套组成电阻温度计。用热电偶测量 600 ℃以下温度时，由于热电动势小，测量准确度低，故目前在测量 200～600 ℃时多采用电阻温度计。

电阻温度计的优点是：测温准确度和灵敏度高，信号便于传送。它的缺点是：不能测量太高的温度；需外电源供电，因此使用受到限制；连接导线的电阻易受环境温度的影响，会产生测量误差。

一、热电阻的特性

电阻式温度计是利用导体或半导体的电阻值随温度变化的性质来测量温度的。电阻阻值随温度变化的特性可用电阻温度系数 α 来表示，其定义为：

$$\alpha=\frac{R_t-R_{t0}}{R_{t0}(t-t_0)}=\frac{1}{\Delta t}\frac{\Delta R}{R_{t0}} \tag{2-8}$$

式中 α——电阻温度系数，℃$^{-1}$；

R_t——温度为 t 时热电阻的电阻值，Ω；

R_{t0}——温度为 t_0 时热电阻的电阻值，Ω。

电阻温度系数 α 给出了温度每变化 1 ℃时热电阻阻值的相对变化量，由式(2-8)可以看出，α 是在 $t_0 \sim t$ 之间的平均电阻温度系数。

一般取 $t_0=0$ ℃，$t=100$ ℃，则式(2-8)变为：

$$\alpha=\frac{R_{100}-R_0}{100R_0} \tag{2-9}$$

实际上一般导体的电阻与温度的关系并不是线性的，欲知任一温度下的 α，则应对式(2-8)取极限，得：

$$\alpha=\lim_{\Delta t\to 0}\left(\frac{1}{R_{t0}}\cdot\frac{\Delta R}{\Delta t}\right)=\frac{1}{R_{t0}}\cdot\frac{\mathrm{d}R}{\mathrm{d}t} \tag{2-10}$$

由式(2-10)看出，α 是表征导体电阻与温度关系内在特性的一个物理量，可用 α 表示相对灵敏度。这是一个通用的表达式，具有广泛的意义。金属导体的电阻一般随温度升高而增大，α 为正值，称为正的电阻温度系数。半导体材料的 α 为负值，即具有负的电阻温度系数。

热电阻的纯度对电阻温度系数影响很大，一般用电阻比 $W(T)$ 来表示，定义为：

$$W(T)=\frac{R_t}{R_{t0}} \tag{2-11}$$

W 越大，纯度越高，α 值越大；W 越小，杂质越多，α 值越小，而且不稳定。另外，α 值还与制造工艺有关，因为在电阻丝的拉伸过程中，电阻丝的内应力会引起 α 的变化。

热电阻的电阻值与温度的关系特性有三种表示方法：作图法、函数表示法、列表法。作图法是指用曲线将热电阻的分度特性在坐标纸上表示出来；函数表示法是指用数学公式描述热电阻材料的电阻与温度之间的关系；列表法是用表格的形式表示热电阻的分度特性，即电阻-温度对照表，通常称为“分度表”，根据热电阻的数值在相应的分度表上能查出温度值，或进行插值计算出相应的温度值。

二、常用的热电阻

常用的热电阻有铂热电阻、铜热电阻、镍热电阻和半导体热敏电阻。

1. 铂热电阻

铂热电阻是一种国际公认的成熟产品，它性能稳定、重复性好、精度高，所以在工业用温度传感器中得到了广泛应用。它的测温范围一般为－200～650 ℃。铂热电阻的阻值与温度之间的关系近似呈线性，其特性方程为：

当温度 t 为－200～0 ℃时：

$$R_t=R_0[1+At+Bt^2+Ct^3(t-100)] \tag{2-12}$$

当温度 t 为 0～650 ℃时：

$$R_t=R_0[1+At+Bt^2] \tag{2-13}$$

式中　R_t——铂热电阻在 t ℃时的电阻值，Ω；

R——铂热电阻在 0 ℃时的电阻值，Ω；

A——系数，$3.968\ 47\times10^{-3}$ 1/℃；

B——系数，-5.847×10^{-7} 1/℃^{2}；

C——系数，-4.22×10^{-12} 1/℃^{4}。

2. 铜热电阻

由于铂是贵重金属，因此，在一些测量精度要求不高且温度较低的场合，普遍采用铜热电阻进行温度测量，它的测量范围一般为－50～150 ℃。在使用温度范围内，铜热电阻的特性方程为：

$$R_t=R_0[1+\alpha t] \tag{2-14}$$

式中　α——温度系数，一般为$(4.25\sim4.28)\times10^{-3}$ 1/℃。

铜热电阻的工艺性好，价格便宜，但它易氧化，不适于在腐蚀性介质或高温下工作。

3. 镍热电阻

镍热电阻的电阻温度系数 α 较铂热电阻的大，约为铂热电阻的 1.5 倍，使用温度范围为 50～300 ℃。但是，温度在 200 ℃左右时，具有特异点，故多用于 150 ℃以下、温度变化范围小、灵敏度要求高的场合。它的电阻与温度的关系式为：

$$R_t = 100 + At + Bt^2 + Ct^4 \tag{2-15}$$

式中，A 为系数，$A=0.548\ 5\ 1/℃$；B 为系数，$B=0.665\times10^{-3}\ 1/℃^2$；$C$ 为系数，$C=2.805\times10^{-3}\ 1/℃^4$。

三、热电阻的结构

1. 普通型

普通型工业用铂电阻温度计属装备式电阻温度计，尽管它们的外形差异很大，但其基本结构却大致相似。普通型铂电阻温度计主要由感温元件、引线、保护管和接线盒 4 部分组成，如图 2-7 所示。

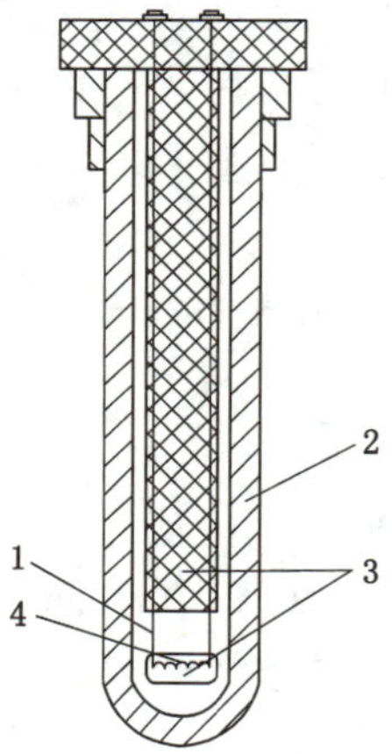

1—引线；2—保护管；3—绝缘骨架；4—热电阻丝。

图 2-7 热电阻结构图

(1) 感温元件

感温元件是用来感受被测对象温度的，是热电阻温度计的核心部分，由电阻丝和绝缘骨架构成。

① 热电阻丝。一般是直径为 0.03～0.07 mm 的细铂丝。由于铂的电阻率较大，而且相对机械强度较大，因此电阻丝不是太长，往往只绕一层，而且是裸丝，每匝间留有空隙以防短路。为了使感温元件没有电感，无论哪种热电阻都必须采用无感绕法，即先将电阻丝对折起来进行双绕，使两个端头都处于支架的同

一端。

② 绝缘骨架。绝缘骨架是用来缠绕、支撑或固定热电阻丝的支架，它的性能将直接影响热电阻的特性。绝缘骨架材质多为云母、陶瓷、玻璃等材料，骨架的形状多是片状或棒形的。

（2）引线

引线是热电阻出厂时自身具备的，其功能是使感温元件能与外部测量线路相连接。引线通常位于保护管内。因保护管内温度梯度大，引线要选用纯度高、不产生热电势的材料。对于工业铂电阻，中低温用银丝作为引线，高温用镍丝作为引线。对于铜和镍电阻的引线，一般都用铜、镍丝。

（3）保护管

它是用来保护已经绕制好的感温元件免受环境损害的管状物，其材质有金属、非金属等多种材料。将热电阻装入保护管内，同时将其引线和接线盒相连。

2. 铂膜型

铂膜型热电阻是改变原有的铂丝绕线工艺，将铂质膜层用特殊工艺制成。通常根据膜层厚度可分为厚膜型和薄膜型。厚膜型的热电阻使用温度不宜太高，约为 500 ℃之内。薄膜型铂电阻的测温范围是－50～600 ℃，适于工业化大规模生产，是现在比较常见的工业铂热电阻。

第五节　辐射方法测温

辐射测温法以热辐射基本定律为测量原理，利用传感器将物体热辐射的能量转换为随温度变化的光电信号，从而实现温度的测量。由于测量时不需要和被测物体接触，因此也称为非接触式测温法。

辐射测温法的优点有：测量不干扰被测温度场，不影响温度场分布，从而具有较高的测量准确度；其理论上无测量上限，可以测到相当高的温度；传感器响应时间短，易于快速与动态测量；一些特定的条件下，例如核辐射场，辐射测温可以进行准确而可靠的测量。

一、辐射方法测温的基本原理

绝对黑体的单色辐射强度 $E_{0\lambda}$ 随波长的变化规律由普朗克定律确定：

$$E_{0\lambda}=c_1\lambda^{-5}\left[\exp(c_2/\lambda T)-1\right]^{-1} \tag{2-16}$$

式中　$E_{0\lambda}$——单色辐射强度，W/(cm^2 · μm)；

c_1——普朗克第一辐射常数，c_1＝37 413 W · μm^4/cm^2；

c_2——普朗克第二辐射常数，c_2＝14 388 μm · K；

λ——辐射波长，m；

T——绝对黑体温度，K。

在温度低于 3 000 K 时，式(2-16)可用式(2-17)所示的维恩公式代替，误差不超过 1%。

$$E_{0\lambda}=c_1\lambda^{-5}\exp(-c_2/\lambda T) \tag{2-17}$$

引入符号 λ_m，它是指黑体在某一温度下所有波长中 λ_m 所对应的单色辐射强度最大由普朗克公式可推导出，当温度升高时，单色辐射强度也随之增长，λ_m 随之减小。λ_m 和温度 T 之间的关系由维恩位移定律给出：

$$\lambda_m T=2\ 897\ \mu\text{m}\cdot\text{K} \tag{2-18}$$

普朗克公式只给出了绝对黑体单色辐射强度随温度变化的规律，若得到波长 λ 从 0～∞的全部辐射能量的总和 E_0，可把 $E_{0\lambda}$ 对 λ 从 0～∞进行积分，得：

$$E_0=\int_0^{\infty}E_{0\lambda}\mathrm{d}\lambda=\int_0^{\infty}c_1\lambda^{-5}(\mathrm{e}^{c_2/\lambda T}-1)^{-1}\mathrm{d}\lambda=\sigma_0 T^4 \tag{2-19}$$

式中　σ_0——斯忒藩-玻耳兹曼常数，$5.67\times10^{-12}\ \text{W}/(\text{cm}^2\cdot\text{K}^4)$。

式(2-19)叫绝对黑体全辐射定律。它表明，绝对黑体的全辐射能量和其热力学温度的四次方成正比。

如果物体的辐射光谱是连续的，而且它的单色辐射强度 $E_\lambda=f(\lambda)$ 和同温度下的绝对黑体的相应曲线相似，即在所有波长下都有 $E_\lambda/E_{0\lambda}=\varepsilon$（$\varepsilon$ 为小于 1 的常数），则叫该物体为“灰体”。该灰体的全部辐射能为 $E=\int_0^{\infty}E_\lambda\mathrm{d}\lambda$，同样有 $E/E_0=\varepsilon$。ε 为物体的特征参数，叫作“辐射率”或“黑度系数”。

二、辐射测温仪表

常用的辐射测温仪表有光学高温计、光电高温计、全辐射高温计、红外辐射温度计和比色温度计等。下面主要对前三种温度计做简要介绍。

全辐射高温计测温的理论基础是斯忒藩-玻尔兹曼定律，它是通过测量辐射物体的全波长热辐射来确定物体的辐射温度，在实际测量中需要把辐射温度换算成真实温度。亮度温度计是根据普朗克定律，通过测量物体在一定波长下的单色辐射亮度来确定其亮度温度，并通过公式计算出物体的真实温度，可以分为光学高温计和光电高温计两类。通过测量热辐射体在两个或两个以上波长下的单色辐射亮度之比来测量温度的仪表，称为比色或颜色温度计。

1. 光学高温计

亮度式测温是利用物体的单色辐射亮度随温度变化的原理，并以被测物体光谱的一个狭窄区域内的亮度与标准辐射体的亮度进行比较来测量温度。

系统测得的温度低于被测物体的真实温度，称为亮度温度。若以 T_L 表示被测物体的亮度温度，则物体的真实温度 T 与亮度温度 T_L 之间的关系为：

$$\frac{1}{T_L}-\frac{1}{T}=\frac{\lambda}{C_2}\ln \varepsilon_{\lambda}T \tag{2-20}$$

式中　$\varepsilon_{\lambda T}$——单色辐射发射系数；

C_2——第二辐射常数，$C_2=0.014\ 388\ \text{m}\cdot\text{K}$；

λ——波长，m。

由上式可见，使用已知波长 λ 的亮度式温度计（光学高温计）测得物体的亮度温度后，必须同时知道物体在该波长下的辐射系数 $\varepsilon_{\lambda T}$（可查表）才可知实际的温度值。

光学高温计（又称隐丝式光学高温计）的结构如图 2-8 所示。测量时调整物镜，使被测物体成像在高温计灯泡的灯丝平面上，调整目镜，使被测物体和灯丝清晰成像，并确认二者在同一平面上。将红色滤光片移入视场，调节电测系统的可变电阻，改变灯泡的加热电流，灯丝亮度随之改变，直到灯丝隐没在物体的像中，即认为二者的亮度相同。而灯丝电流与亮度关系已知，并在显示器上标出亮度温度值。

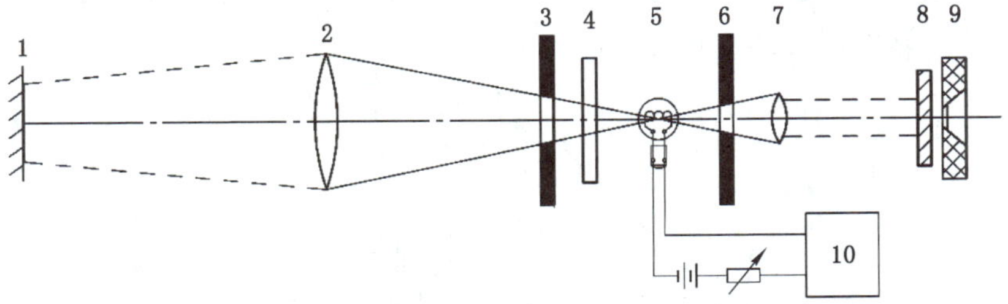

1—被测物体或辐射源；2—物镜；3—物镜光阑；4—吸收玻璃；5—高温计灯泡；6—红色滤光片；7—显微镜物镜；8—目镜光阑；9—显微目镜；10—电测仪器。

图 2-8　光学高温计结构图

2. 光电高温计

光电高温计是在光学高温计的基础上发展起来的，可以自动平衡亮度、自动连续记录被测温度示值的测温仪表。光电高温计用光电器件作为仪表的敏感元件，替代人的眼睛来感受辐射源的亮度变化，并转换成与亮度成比例的电信号，经电子放大器放大后，输出与被测物体温度相应的示值，并自动记录。为了减小光电器件、电子元件参数变化和电源电压波动对测量的影响，光电高温计采用负反馈原理进行工作。

3. 全辐射高温计

全辐射高温计是根据全辐射定律制作的温度计。由式（2-19）可知，当知道

黑体的全辐射能量 E_0 后，就可以知道温度 T。

图 2-9 为全辐射高温计示意图。物体的全辐射能由物镜聚焦后，经光阑焦点落在装有热电堆的铂箔上。热电偶的测量端被夹在十字形的铂箔内，铂箔涂成黑色以增加其吸收系数。当辐射能被聚焦到铂箔上时，热电偶测量端感受热量，热电堆输出的热电动势送到显示仪表，由此表显示或记录被测物体的温度。热电偶的参比端夹在云母片中，这里的温度比测量端低很多。在瞄准被测物体的过程中，观测者可以通过目镜进行观察，目镜前加有灰色滤光片，用来削弱光的强度，保护观测者的眼睛。

全辐射高温计按绝对黑体对象进行分度。用它测量黑度为 ε 的实际物体温度时，其示值并非真实温度，而是被测物体的"辐射温度"。辐射温度的定义为：温度为 T 的物体，其全辐射能量 E 等于温度为 T_P 的绝对黑体全辐射能量 E_0 时，则温度 T_P 叫作被测物体的辐射温度。两者关系为：

$$T = T_P \sqrt[4]{1/\varepsilon} \tag{2-21}$$

由于 ε 为总是小于 1 的数，因此 T_P 总是低于 T。因为全辐射高温计是按黑体刻度的，在测量非黑体温度时，其读数是被测物体的辐射温度 T_P，要用式(2-21)计算出被测物体的真实温度 T。

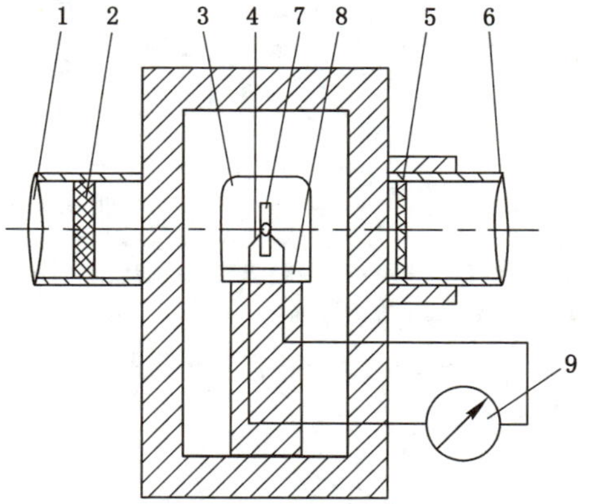

1—物镜；2—光阑；3—玻璃泡；4—热电堆；5—灰色滤光片；

6—目镜；7—铂箔；8—云母片；9—显示仪表。

图 2-9　全辐射高温计结构图

第六节　热流量的测量

热流量测量的方法有多种，目前常用的仪表是热流计，采用热流计测量热流量是一种比较实用又很方便的测试方法。热流计是一种能直接测定热流量的装置，可以直接指示热流量的大小，并能起到反映热量交换状态的作用，可以用来测定建筑物或各种保温材料的传热量。本节介绍几种典型的热流计。

一、热阻式热流计

热阻式热流计的基本原理是傅立叶定律。当热流通过平板状的热流传感器时，传感器热阻层上产生温度梯度，根据傅立叶定律可以得到通过热流传感器的热流密度为：

$$q=-\lambda\frac{\partial T}{\partial x} \tag{2-22}$$

式中　λ——热流计材料的导热系数，$W/(m^2\cdot℃)$；

$\frac{\partial T}{\partial x}$——垂直于等温面方向的温度梯度，℃。

式中负号表示热流密度方向与温度梯度方向相反。若热流传感器的两侧平行壁面各保持均匀稳定的温度 t 和 $t+\Delta t$，热流传感器的高度与宽度远大于其厚度，则可以认为沿高与宽两个方向温度没有变化。而仅沿厚度方向变化。对于一维稳定导热，可将上式写为：

$$q=-\lambda\frac{\Delta t}{\Delta x} \tag{2-23}$$

式中　Δt——两等温面温差，℃；

Δx——两等温面之间的距离，m。

由式(2-23)可知，如果热流计材料和几何尺寸确定，那么只要测出热流传感器两侧的温差，即可得到热流密度。根据使用条件，选择不同的材料作热阻层，以不同的方式测量温差，就能作成各种不同结构的热阻式热流传感器。

1. 金属片型热流计

这种热流计是用具有一定厚度 δ 以及具有较稳定导热系数 λ 的金属片制成的，它的原理如图 2-10 所示。一般安装时，用螺栓固定在热源的待测壁上，用两个反向串联的热电偶测出两点的温度差 ΔT，代入公式即可得出热流密度的大小。这种热流计结构简单，使用非常方便，在一般没有特殊要求的情况下经常使用。

2. 薄板型热流计

薄板型热流计与金属片型热流计的工作过程相同，它也是利用热电偶测量被测物两点的温度或者电势，从而确定热流的大小。这种热电偶是利用自然方法构成的，一般是用铜或康铜板的表面镀上康铜或铜就构成了薄板型热电偶，然后将这种薄板型热电偶安装在待测物的表面上，由于热流通过薄板型热电偶两

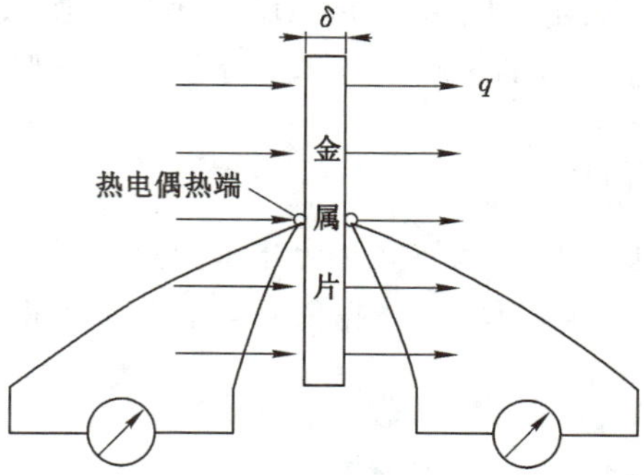

图 2-10　金属片型热流计的原理图

面将产生温差，而温差又将产生热电势，通过测出热电势的大小即可确定出热流密度的大小，即：

$$q = \frac{\lambda}{\delta}(T_1 - T_2) = KE \tag{2-24}$$

式中　E——热电偶热端、冷端温度 T_1、T_2 形成的温差产生的热电势；

K——已知薄板型热电偶本身的常数，它与材料的导热系数 λ 以及薄板的厚度 δ 和热电偶的热电特性都有关系。

由于 E 的非线性误差及金属镀层或贴层易在高温中氧化，故只能在温度较低时进行测量。薄板型热流计的原理图如图 2-11 所示。

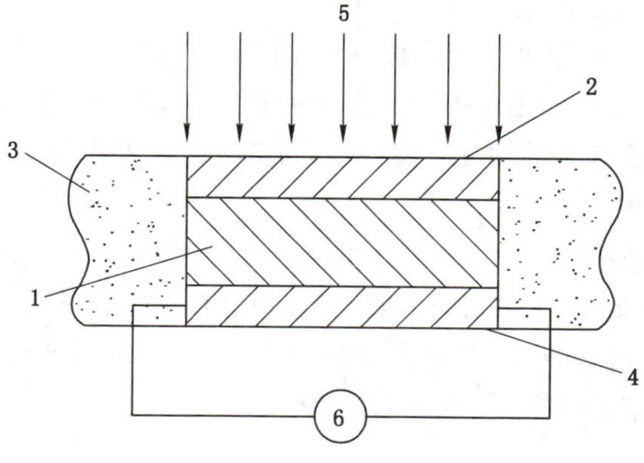

1—铜；2—康铜(受热面)；3—绝热材料；4—康铜；5—热流方向；6—电位差计。

图 2-11　薄板型热流计原理图

3. 热电堆型热流计

为了提高热量测量的灵敏度，需要加大测头的输出信号，因此可以用热电堆测量热阻层两边的温差，其测量等效电路及结构如图 2-12 所示。由于所有的接点串联连接，把输出信号逐个叠加起来，形成具有各个信号平均特性的放大信号。热电堆型的热流测头是目前应用最广泛的热流测头，由于其结构、材料和制作方法不同，可做成形形色色的测头，以适应各方面的需要。如作为热阻层的基板可以是硬塑料片或层压板等硬质材料，也可用塑料和橡胶灌注或压模成型，甚至还可以用空气层。

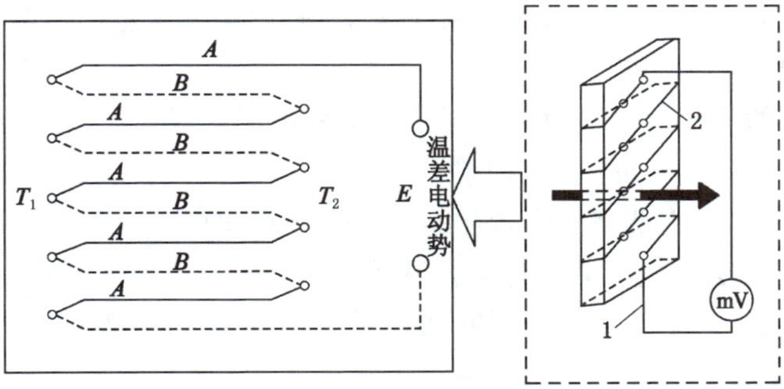

1—铜丝；2—康铜丝；3—热电堆；4—覆盖材料。

图 2-12　热电堆型热流计

由于热电堆是由串联热电偶依次连接，当热电堆两侧有温差 Δt，则使得热电堆产生热电势 E：

$$E = n \cdot e_0 \cdot \Delta t \tag{2-25}$$

式中　e_0——热电偶系数，mV/℃；

n——热电偶个数。

若用热电堆测量温差 Δt，并且所用热电堆在测量范围内，其热电势与温差呈线性关系时，其输出热电势与温差成正比，通过热电堆型热流计的热流为：

$$q = \frac{\lambda}{\delta \cdot e_0 \cdot n} \cdot E \tag{2-26}$$

式中　δ——热阻板的厚度，m。

由式(2-26)可以看出，在已知热电堆型热流计的情况下，热流密度与热电势成一定的比例。因此，测量出热电势就能直接反映热流密度的大小。这里引入一个概念——测头系数 C，则 C 为：

$$C = \frac{\lambda}{\delta \cdot e_0 \cdot n} \tag{2-27}$$

式中　C——热电堆型热流计的测头系数，W/(m^2 · mV)。

$$q = CE \tag{2-28}$$

C 值称为热流计的测头系数，是热电堆型热流计的重要性能参数，其物理意义是:当热流传感器有单位热电势输出时,则垂直通过它的热流密度是 C。其数值的大小反映了热流测头的灵敏度,C 值越小则越灵敏。

二、热量型热流计

热量型热流计是利用测量流过受热面积的冷却水所吸收的热量或流过受热面积的热水所释放的热量得到热流密度的,是用来检测热水输送热量的仪表。热量型热流计的结构如图 2-13 所示。

当利用流过受热面积的冷却水所吸收的热量求热流密度时,采用下式计算:

$$q = mc(T_1 - T_2) \tag{2-29}$$

流过受热面积的冷却水 m,在测量时可保持定值;进、出口水温 T_1、T_2 一般用热电偶温度计进行测量;c 为水的比热。已知上述参数,即可求得热流密度 q。

由于热流变化时,水温 T_1 与 T_2 反应较慢,故受热面的热流密度只能测出热流的平均值,而不能测出瞬时值。

三、辐射式热流计

在很多工业生产过程中,都存在热辐射换热的情况,而传导型热流计难以应用,因此需要专用的热流计。所有用于测定辐射热流的量热计,统称为辐射式热流计。辐射式热流计主要用于测量各种锅炉、钢炉、加热炉等高温炉体内的热负荷,对于研究燃烧特性、改造锅炉、控制生产工艺、节能降耗和保证安全生产等具有重要作用。

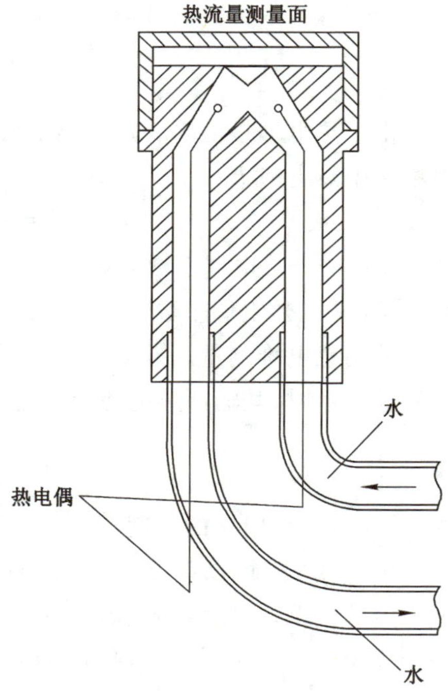

图 2-13 热量型流量计

1. 2π 辐射热流计

2π 辐射热流计的探头是用水冷不锈钢制成的。不锈钢探头前端有椭球形空腔,腔内一个焦点上有一小孔,另一个焦点上安装检测器,全部辐射热通过前面的小孔,经过一次、最多两次反射,到达检测器上,这是一种为了测量从立体角为 2π 的球面投射出的辐射热流量而设计的,其结构如图 2-14 所示。

测量热流的原理是:在探测器上装一根杆,其作用类似一个简单的热流测头,在此杆的前后两端上缠绕并焊接康铜线,形成温差热电偶。当探测器吸收辐射热而升温后，热量将沿杆导热，由于热阻的存在，在热电偶的两个焊点之间形成温度梯度，从而产生电势输出，其大小是从辐射孔进入的辐射热流量的函数。为防止对流传热量和燃气及固体颗粒进入腔内，可用少量的氮气从尾部进入热流计吹扫椭圆形腔。由于测量时要直接伸入炉膛内与高温燃气和火焰接触，所以还要加水冷保护，以免烧坏热流计。

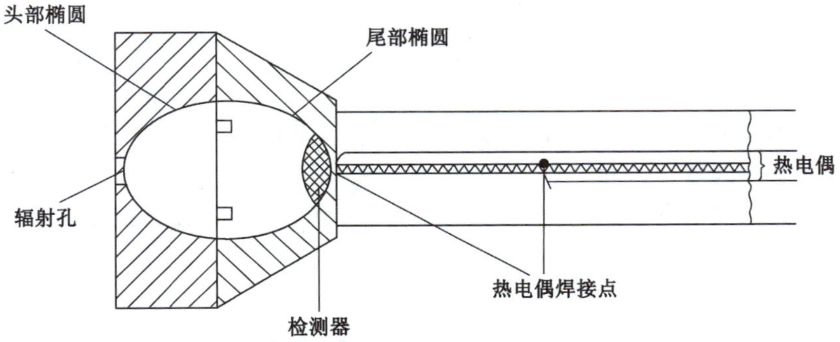

图 2-14　2π 辐射热流计原理示意图

2. 总热流计

在很多情况下，难以将对流热流和辐射热流截然分开，这时就需要所谓的总热流计，它可以测量对流热流和辐射热流之和。总热流计的结构如图 2-15 所示，其检测器用不锈钢做成圆柱形塞子，它的前端面在车床上被加工成许多同心圆锯齿形槽，并涂成黑色，以便更多地吸收辐射热流，其外面有圆筒形保护套，用以防止热量外逸，后端面为水冷却。在柱塞靠前端和靠后端的轴心线上，分别埋装两支热电偶，将两支热电偶反接，用以直接测量检测器两端的温差。

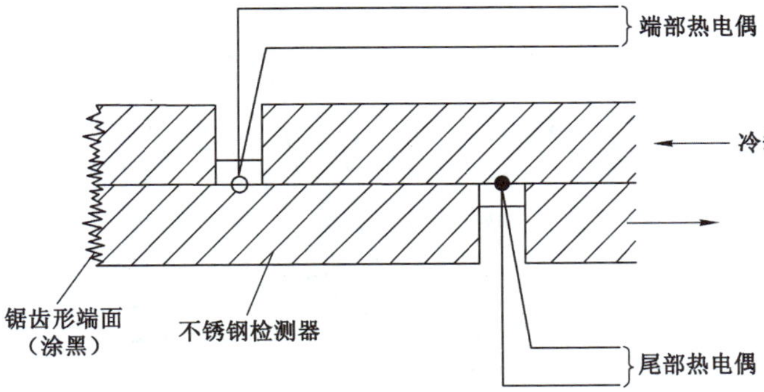

图 2-15　总热流计原理示意图

第三章 湿度测量

在通风与空气调节工程等工业生产与工程应用中，空气的湿度与温度是两个相关的热工参数，它们具有同样的重要意义。如在电子工业中，制造过程中空气湿度的高低决定着产品的成品率；舒适性空调中，空气湿度的高低会影响人的舒适感。因此，必须对空气湿度进行测量和控制。

第一节 空气湿度的定义

空气湿度是表示空气中水蒸气含量的物理量。对空气湿度的表示方法有绝对湿度、相对湿度和含湿量。首先了解以下常用名词的含义。

一、绝对湿度

绝对湿度是指在标准状态下，即空气在 0 ℃，760 mmHg 压力下，每立方米气体（一般指湿空气）中所含有的水蒸气的质量，用符号 ρ 表示，单位为 g/m^3。

根据定义和气体状态方程：

$$\rho = 1/\nu_n \tag{3-1}$$

$$P_n \nu_n = R_n T \tag{3-2}$$

得：

$$\rho = \frac{P_n}{R_n T} = \frac{1\ 000\ P_n}{461T} = 2.169 \times \frac{P_n}{273.15 + \theta_w} \tag{3-3}$$

式中 P_n——空气中水蒸气的分压力，Pa；

R_n——水蒸气气体常数，$R_n = 461$ J/(kg·K)；

θ_w——空气干球摄氏温度，℃；

T——空气干球热力学温度，K。

二、相对湿度

相对湿度是指实际绝对湿度 ρ_v 与同温度下的饱和湿度 ρ_s（即最大绝对湿

度)之比,用 φ 来表示。其定义式为:

$$\varphi=\frac{\rho_v}{\rho_s}\leqslant 1 \tag{3-4}$$

因为湿空气中的水蒸气一般可视为理想气体,则有:

$$\varphi=\frac{\rho_v}{\rho_s}=\frac{\dfrac{P_n}{RT}}{\dfrac{P_s}{RT}}=\frac{P_n}{P_s} \tag{3-5}$$

所以,相对湿度也可以表示为湿空气中水蒸气分压力 P_n 与相同温度下饱和空气中水蒸气分压力 P_s 的比值,即:

$$\varphi=\frac{P_n}{P_s}\times 100\% \tag{3-6}$$

三、含湿量

含湿量是指含有每千克干空气的湿空气中所含水蒸气的质量,用符号 d 表示:

$$d=1\ 000\frac{m_s}{m_w} \tag{3-7}$$

式中 m_s——湿空气中水蒸气的质量,g;

m_w——湿空气中干空气的质量,kg。

根据理想气体状态方程:

$$m=\frac{PV}{RT} \tag{3-8}$$

得:

$$d=622\frac{P_n}{P_w} \tag{3-9}$$

式中 P_w——湿空气中干空气分压力,Pa。

若湿空气的含湿量保持不变,湿空气定压加热或冷却时,P_n 不变,湿空气露点不变。

再根据相对湿度的定义:

$$P_n=\varphi P_b \tag{3-10}$$

$$P_w=B-P_n \tag{3-11}$$

则可得:

$$d=622\frac{\varphi P_b}{B-\varphi P_b} \tag{3-12}$$

可以看出，当大气压力 B 一定时，湿空气的含湿量与水蒸气分压力 P_n 为函数对应关系，即在大气压力一定的情况下，当 P_n 确定时，含湿量 d 也为定值；反之，若 d 已知，P_n 值便可确定。如再加上干球或者湿球温度时，便可确定湿空气的其他状态参数。

第二节　干湿球法湿度测量

干湿球法是 18 世纪就发明的一种测湿方法，普通干湿球湿度计是最早得到应用的湿度计。随着技术的进步，电动通风干湿球湿度计弥补了普通干湿球湿度计的不足，并得到广泛的应用。

干湿球湿度计的基本原理为：当大气压力 B 和风速 v 不变时，利用被测空气相应于湿球温度下饱和水蒸气压力和干球温度下的水蒸气分压力之差，与干湿球温度之差之间存在的数量关系确定空气湿度。其数量关系的数学表达式为：

$$P'_s - P_n = A(t - t_s)B \tag{3-13}$$

式中　P'_s——湿球温度下饱和水蒸气压力；

P_n——空气中水蒸气分压力；

t、t_s——空气的干、湿球温度；

A——与风速有关的系数；

B——大气压力。

将 $P'_s - P_n = A(t - t_s)B$ 代入 $\varphi = \dfrac{P_n}{P_s} \times 100\%$，可得到相对湿度计算公式为：

$$\Phi = \left(\frac{P'_s}{P_s} - AB\frac{t - t_s}{P_s}\right) \times 100\% \tag{3-14}$$

显然，根据 t、t_s 分别对应有确定的 P'_s、P_s 值，所以根据干、湿球温度计的读数差，即可由上式确定被测空气的相对湿度。干、湿球温度计的差$(t - t_s)$越大，则空气相对湿度越小，反之亦然。

干湿球温度计，一般只能在冰点温度以上情况下使用，其相对湿度测量误差较小；当在低于冰点温度下使用时，其测量误差将会增大。

根据上述原理可制成普通干湿球湿度计和电动干湿球湿度计。

一、普通干湿球湿度计

干湿球法是根据干湿球温度差效应（在潮湿物体表面的水分蒸发而冷却的

效应)原理进行湿度测量的。

普通干湿球湿度计由两支相同的温度计组成,其中一支温度计的温包部包有脱脂棉纱布,纱布的下端浸入盛有蒸馏水的玻璃小杯中,在毛细作用下纱布经常处于润滑状态,将此温度计称为干湿球温度计(图 3-1)。使用时,在热湿交换达到平衡即稳定的情况下,所测得的温度称为湿球温度 t_s;装置在同一支架上的另外一支未包纱布的温度计称作干球温度计,它所测得的温度称为空气的干球温度 t_1。

湿球温度计的球部表面潮湿纱布中的水分不断蒸发,而水分的蒸发强度则取决于周围空气的相对湿度 Φ、大气压力 B 以及风速 v。如果大气压力 B 和风速 v 保持不变,相对湿度 Φ 越高,潮湿纱布表面的水分蒸发强度越小,潮湿纱布物体表面温度(t_s)与周围环境温度(t_1)差就越小;反之,相对湿度 Φ 低,水分的蒸发强度越大,干、湿球温差就越大。风速在 2～40 m/s 的范围内,工程上近似用湿球温度替代绝热饱和温度,作为一种表征湿空气的状态参数。在一定的空气状态下,干湿球温度的差值反映了空气相对湿度的大小。只要测量空气的干球温度 t_1 和湿球温度 t_s,就可以利用公式或在 $h \sim d$ 图中确定 Φ,也可以根据干球温度 t_1 和干、湿球温差 $t_1 - t_s$,从《通风干湿表用相对湿度表》中查出相对湿度 Φ。

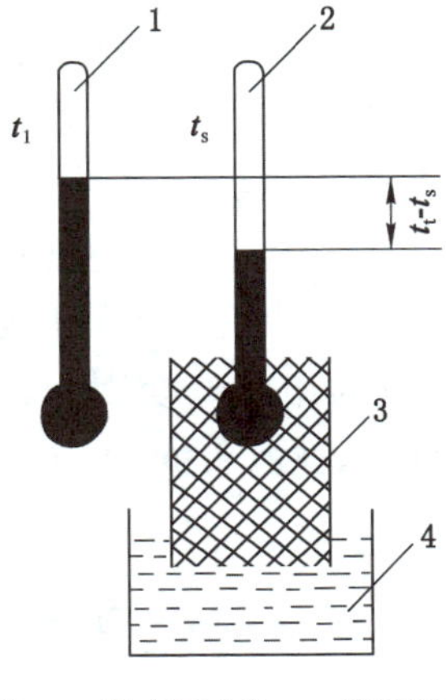

1—干球温度计;2—湿球温度计;3—脱脂棉纱布;4—水杯。

图 3-1　干湿球温度计

二、干湿球电信号传感器

干湿球电信号传感器是一种将湿度参数转换成电信号的仪表。它的测湿原理与干湿球温度计的相同,主要差别是使用两支微型套管式镍电阻温度计来代替干球和湿球温度计。为使镍电阻周围形成恒定风速的气流，在干湿球电信号传感器上增加一个微型轴流风机，为避免测量时受周围空气流动的影响，一般将风速控制在 2.5 m/s 以上。同时，微型风机产生的气流会增加镍电阻周围热湿交换速度，降低仪表的响应时间。

干湿球电信号传感器的测量桥路原理图如图 3-2 所示，它是由两个不平衡电桥连接在一起组成的复合电桥。图中左侧电桥用于测量干球温度，电阻 R_w 为对应热电阻；右侧电桥为湿球温度测量桥路，电阻 R_s 代表湿球温度热电阻。

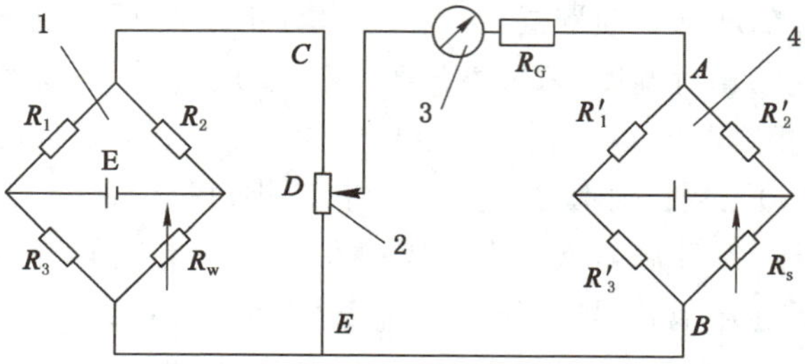

1—干球温度测量桥路；2—补偿可变电阻；3—检流计；4—湿球温度测量桥路。

图 3-2　干湿球温度测量桥路

左、右电桥输出的不平衡电压分别是干、湿球温度的函数。两桥路的输出信号通过补偿可变电阻 R 连接，D 点为 R 上的滑动点。由于湿球温度低于干球温度，右电桥的输出信号小于左电桥的输出信号，通过调节电阻 R 上 D 点使两电桥重新达到平衡状态，即检流计中无电流通过。

两电桥处于平衡状态时，D 点位置反映了左、右电桥的电压差，也就是间接反映了干、湿球温度的温度差，故 D 点位置也可反映相对湿度的大小。通过计算和标定，可在 R 上标示出对应的相对湿度值。测量时，通过手动或自动的方式调节 R 使两电桥达到平衡状态，此时根据 D 点位置便可读出相对湿度值。

第三节　露点法湿度测量

露点法测量相对湿度的基本原理是：先测定露点温度 t_L，然后再从水蒸气表中查出对应露点温度的水蒸气饱和压力 P_L 和干球温度下饱和水蒸气的压力 P_s。显然，P_L 即为被测空气的水蒸气分压力 P_n。因此，由式 $\varphi = P_n/P_s \times 100\%$ 可计算得到空气的相对湿度。例如，当测得了在某一气压下空气的温度 $t_1 = 20$ ℃、露点 $t_L = 12$ ℃，那么就可以从水蒸气表中查得 20 ℃时的饱和蒸汽压 $P_s = 17.54$ mmHg，12 ℃时的饱和蒸汽压 $P_L = P_n = 10.52$ mmHg，则此时空

气的相对湿度 $\Phi=(10.52/17.54)\times 100\%=60\%$。采用这种方法来确定空气的湿度有着重大的实用价值，但这里很关键的一点是掌握露点的测定方法。

露点温度是指被测温空气冷却到水蒸气达到饱和状态并开始凝结出水分的对应温度。露点温度的测定方法是，先把一物体表面加以冷却，一直冷却到与该表面相邻近的空气中的水蒸气开始在表面上凝结成水分为止。开始凝结水分的瞬间，其邻近空气的温度即为被测空气的露点温度。所以，保证露点法测量湿度精确度的关键，是如何精确地测定水蒸气开始凝结的瞬间空气温度。用于直接测量露点的仪表有经典的露点湿度计与光电式露点湿度计等。

一、露点湿度计

露点湿度计主要由一个镀镍的黄铜盒、温度计和橡皮鼓气球等组成，如图 3-3 所示。测量时在黄铜盒中注入乙醚溶液，然后用橡皮鼓气球将空气打入黄铜盒中，并由另一管口排出，使乙醚得到较快速度的蒸发。当乙醚蒸发时即吸收了乙醚自身热量使温度降低，当空气中水蒸气开始在镀镍黄铜盒外表面凝结时，插入盒中的温度计读数就是空气的露点。测出露点以后，再从水蒸气表中查出露点温度的水蒸气饱和压力 P_L 和干球温度下饱和水蒸气的压力 P_s，利用式 $\varphi=P_n/P_s\times 100\%$ 算出空气的相对湿度。这种温度计主要缺点是，当冷却表面上出现露珠的瞬间，需立即测定表面温度，因此一般不易测准，容易造成较大的测量误差。

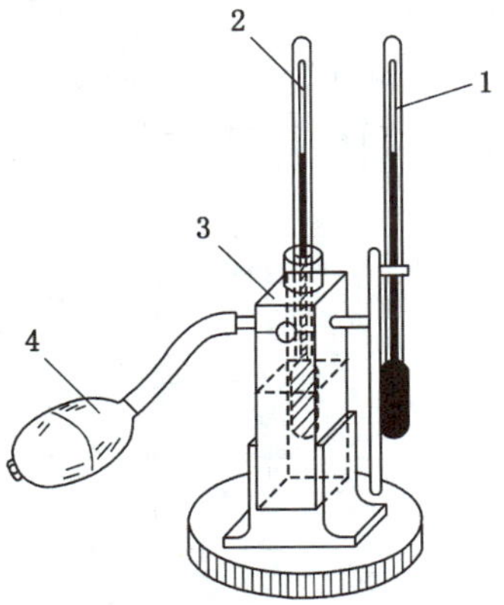

1—干球温度计；2—露点温度计；

3—镀镍黄铜盘；4—橡皮鼓气球。

图 3-3　露点温度计

二、光电式露点湿度计

光电式露点湿度计是基于光电原理直接测量气体露点温度的一种电测法湿度计，它具有测量准确度高、可靠、使用范围广等特点，对低温与低温状态更宜使用。典型的光电式露点湿度计露点镜面可以冷却到比环境温度低 50 ℃，最低的露点能测到 1%～2%的相对湿度。一个特殊设计的光电式露点湿度计的露点温度测量范围为－40～100 ℃。光电式露点湿度计不但测量精度高，还可以测量高压、低温、低湿气体的相对湿度，但采样气体不得含有烟尘、油脂等污染物，否则会直接影响测量精度。当被测的采样气体通过中间通道与露点镜相接触，镜面温度高于被测气体的露点温度时，镜面上没有露（霜）层形成，其反射率很高，电桥处于不平衡状态，此时输出的信号通过功率放大控制热电制冷器。随着镜面温度下降，达到被测气体的露（霜）点温度后，在镜面上就会形成露（霜）层，光线将会在镜面上发生散射，电桥从不平衡趋向平衡状态通过反馈控制系统调节镜面的温度，将冷凝在镜面上的露（霜）层控制在一定的厚度范围内。当被测气体中水汽的冷凝速度和镜面上露层的蒸发速度达到平衡状态后，测量此时的镜面温度，就是被测气体的露点温度。基于上述工作原理，光电式露点湿度计需要一个高度光洁的露点镜面以及高精度的光学与热电制冷调节系统，以保证露点镜上温度的控制精度。

光电式露点湿度计的核心是一个可以自动调节温度的、能反射光的金属露点镜以及光学系统。图 3-4 为光电露点湿度计原理图。当被测的采样气体通过中间通道与露点镜相接触时，如果镜面温度高于气体露点温度，镜面上不会结露，镜面的反光性好，来自白炽灯的斜射光经露点反射镜反射后，大部分射向反

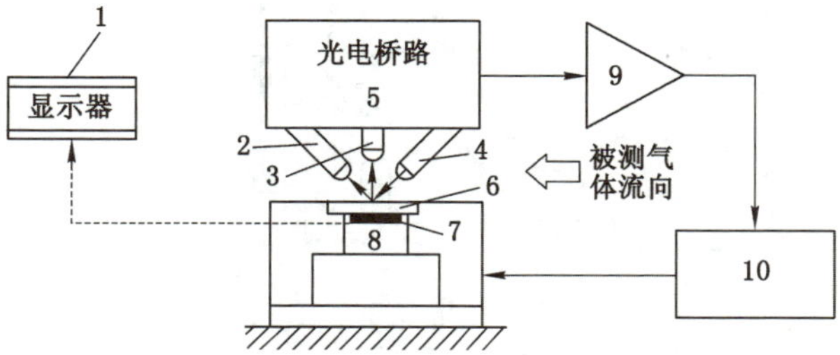

1—露点温度显示器；2—反射光敏电阻；3—散射光敏电阻；
4—光源；5—光电桥路；6—露点镜；7—铂电阻；
8—半导体热电制冷器；9—放大器；10—可调直流电源。

图 3-4　光电式露点湿度计原理图

射光敏电阻，只有少部分被散射光敏电阻所接收，二者的输出信号通过光电桥路进行比较，将其不平衡信号通过平衡差动放大器放大后，自动调节输入半导体热电制冷器电流的大小。半导体热电制冷器冷端与露点镜相连，当输入制冷器的电流值变化时，其制冷量也随之变化，电流越大，其制冷量越大，露点镜的温度也越低。当降至露点温度时，露点镜面开始结露，来自光源的光束射到结露的镜面时反射光束的强度便会减弱，而散射光的强度有所增加，经两组光敏电阻接收并通过光电桥路进行比较后，放大器与可调直流电源自动减小输入半导体制冷器的电流，以使露点镜的温度升高。当不结露时，又自动降低露点镜的温度，最后使露点镜的温度达到动态平衡，即认为露点镜此时的温度为被测气体的露点温度，然后安装在露点镜内的铂电阻及露点温度指示器即可直接显示被测的露点温度值。

第四节 吸湿法湿度测量

吸湿法测湿是指某些物质的含湿量与它所处环境的相对湿度有关，含湿量的大小又会影响其导电性能，若能把此类物质做成传感器，把相对湿度转换成电信号，便可进行湿度测量。

一、氯化锂电阻湿度传感器

吸湿法测湿常用氯化锂作为吸湿剂，它在大气中不分解、不挥发，也不会变质，且其含湿量与空气相对湿度呈一定关系。当氯化锂的蒸汽压力与空气中水蒸气的分压力相等时，会处于吸湿平衡状态，含湿量才会稳定。氯化锂含湿量越大，导电的离子数越多，电阻就越小。同理，含湿量越小，电阻就越大。利用这个性质便可做成氯化锂电阻湿度传感器，如图 3-5 所示。

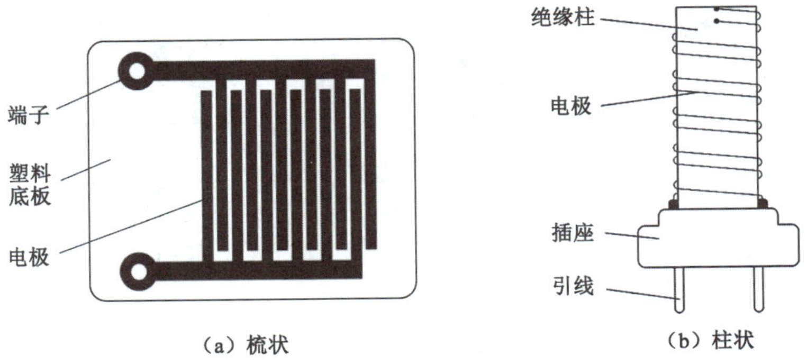

图 3-5 氯化锂电阻湿度传感器

如图 3-5 所示,氯化锂电阻湿度传感器分梳状和柱状两种。梳状传感器是将梳状金箔电极镀在绝缘底板上,氯化锂溶液铺敷在底板表面,使电极间缝隙均匀充满。当空气相对湿度发生变化时,氯化锂溶液的电阻变化,进而湿度信号转换成电信号通过金箔电极传送到测量仪表。柱状传感器使用两根平行但互相不接触的铂丝电极绕制在绝缘柱上,利用多孔聚乙烯醇作为胶黏剂使氯化锂溶液均匀附着在绝缘柱表面,多孔材料能够保证氯化锂和水蒸气间的良好接触。当空气与氯化锂之间达到吸湿平衡时,两电极之间的氯化锂溶液电阻达到对应定值,进而湿度信号转换成电信号。

使用传感器测湿时可采用交流电桥测量其电阻值,单一传感器的测量范围较窄,实际使用时应选择合适量程或采用多组传感器组合的方式。在使用氯化锂电阻传感器时应注意:为防止氯化锂电解,不得使用直流电源;使用温度不能大于 55 ℃,以防溶液蒸发;使用环境应保持清洁,避免粉尘等悬浮物影响溶液电阻。

二、高分子湿度传感器

高分子湿度传感器根据湿敏元件的不同,主要分为电容式和电阻式两大类。

1. 高分子电容式湿度传感器

(1) 基本结构与工作原理

高分子电容式湿度传感器的结构如图 3-6 所示,它的主要结构是一个电容器,在高分子薄膜的两侧各附有一层金属微孔蒸发膜,这两层蒸发膜作为传感

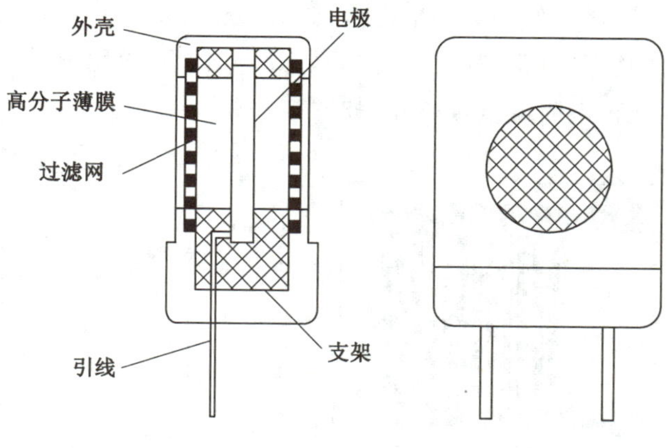

图 3-6 高分子电容式湿度传感器结构示意图

器的电极。水分子可通过这两个电极被高分子薄膜吸附或释放。高分子薄膜的介电系数会随着水分子的吸附和释放产生相应的变化。由于空气中相对湿度的改变会影响介电系数的大小，进而通过电容 C 的数值大小便可确定空气中相对湿度的大小。传感器的电容 C 的数值与高分子薄膜的节电系数 ε、电极的面积 S 和高分子薄膜的厚度 d 有如下的关系：

$$C = \varepsilon S/d \tag{3-15}$$

如图 3-7 所示，电容式湿度传感器的电路由时基电路 IC_1、IC_2组成。时基电路 IC_1 以及外围元件组成的多谐振荡器主要产生触发时基电路 IC_2 的脉冲。时基电路 IC_2 和电容式湿度传感器以及外围元件组成的可调宽脉冲发生器，其脉冲宽度由湿度传感器的电容值决定。调宽脉冲从时基电路 IC_2 的 9 脚输出，然后经 R_5、C_3 滤波后成为直流信号输出。该直流信号正比于空气的相对湿度，因此只要测定该直流信号的大小便可得到空气的相对湿度值。

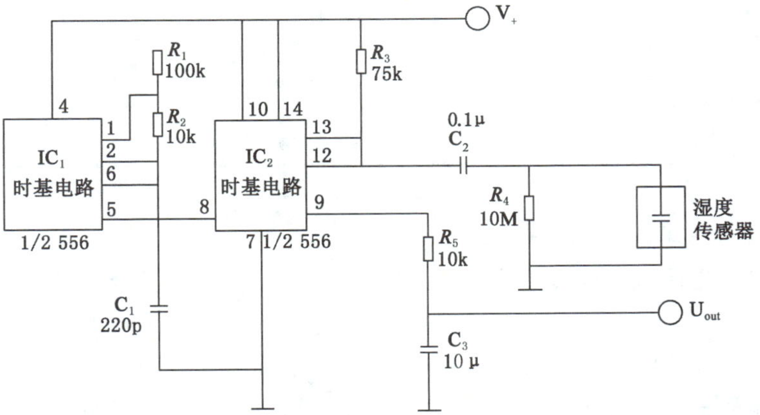

图 3-7　电容式湿度传感器的电路原理图

（2）主要特点

高分子薄膜是电容式湿度传感器的重要组成部分，它的制作材料多为醋酸丁酸纤维素，该材料制作成的高分子薄膜不会使水分子之间产生相互作用，这就使得传感器具有响应快、无湿滞等特点，为测量工作带来极大的方便。

高分子电容式湿度传感器的电容值与相对湿度的关系，如图 3-8 所示。表 3-1 列出了 RHS 型电容式湿度传感器的基本参数。

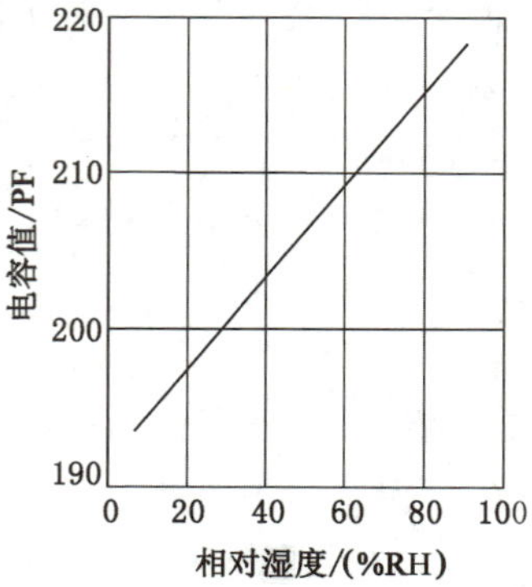

图 3-8 高分子电容式湿度传感器电容值与相对湿度对应关系

表 3-1 RHS 型电容式湿度传感器的基本参数

项目	参数	项目	参数
湿度测量范围/(%RH)	15～95	响应时间/s	＜10
工作温度范围/℃	5～50	工作频率/Hz	50～300
测量精度/(%RH)	±2	工作电压/V	＜12(AC)
湿滞/(%RH)	1	温度系数/(%RH/℃)	

2. 高分子电阻式湿度传感器

高分子电阻式湿度传感器是目前发展迅速、应用较为广泛的一类新型湿度传感器。

(1) 基本结构与工作原理

与电容式湿度传感器类似，电阻式湿度传感器主要组成部分是一层高分子感湿膜，其主要材料为固体电解质。当湿度增加时，电解质的电离作用增强，感湿膜的导电性增大，这时电极间的电阻值就减小。当空气中的湿度减小时，电离作用减弱，使电极间的电阻值增大。因此，可通过电极间电阻值的变化确定湿度传感器对水分子的吸附与释放情况，得出相应的湿度值。

(2) 主要特点

电阻式湿度传感器的制作材料有比较多的选择，如高氯酸锂-聚氯乙烯、有亲水性基的有机硅氧烷、四乙基硅烷的等离子共聚膜等。

这一类湿度传感器具有灵敏度高、线性度好、响应时间快、易小型化、制作工艺简单、成本低、使用方便等特点。高分子电阻式湿度传感器的电阻与相对湿度的关系曲线如图 3-9 所示。

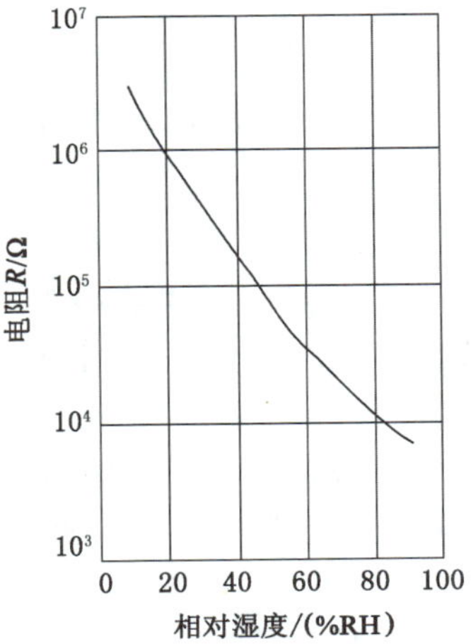

图 3-9 高分子电阻式湿度传感器电阻值与湿度对应关系

三、金属氧化物陶瓷湿度传感器

金属氧化物陶瓷湿度传感器是由金属氧化物多孔性陶瓷烧制而成。烧结体上有微细孔，可吸附或释放水分子，使湿敏层电阻值发生变化。陶瓷湿度传感器就是利用这种性质，把湿度值的变化转换成电阻值的变化，进而得到湿度的大小。另外，陶瓷湿度传感器除对环境湿度敏感外，对温度亦十分敏感，因此在应用时还需进行温度补偿。

1. 金属氧化物陶类湿度传感器的特性

(1) 感湿特性

常用的陶瓷湿度传感器的感湿材料有Ⅰ型和Ⅱ型。这两种感湿材料的湿度特性不同，Ⅰ型在低湿领域感度高，Ⅱ型呈线性特性。这两种类型感湿材料的滞后性小，且感湿范围涵盖了1%RH的低湿度到100%RH的高湿度。

(2) 反应速度

陶瓷湿度传感器的反应速度较慢。因此，为改善其反应速度，对其结构可以做如下改进：① 使1 μm以下的吸湿细孔的气孔率为25%～40%，以增大陶瓷片的表面积；② 陶瓷片厚度在200～250 μm的范围内；③ 采用吸湿特性较好的RuO_2当电极。

(3) 温度特性

陶瓷湿度传感器均呈负温度特性，一般温度至150 ℃亦能测出其湿度变化情况。

（4）动作电压

外加电压在 AC 5 V 以下时，感湿特性几乎不受外加电压影响。但若超过 AC 5 V 或长时间加直流电压，陶瓷湿度传感器的测量精度会受到焦耳热的影响。

（5）加热除污

感湿材料吸收空气中的水分及其他物质，长期使用将减少其有效感湿面积及降低灵敏度。因此，在湿度计非使用时间可以采用 450 ℃短时间加热来除污。

2. 常用的金属氧化物陶瓷湿度传感器

金属氧化物陶瓷湿度传感器在当今世界范围内越来越受到关注，近些年来许多国家都发现了能作为电阻型湿敏多孔陶瓷的材料，如 LaO_3-TiO_3、SnO_2-AlO_3-TiO_2、La_2O_3-TiO_2-V_2O_5、TiO_2-Nb_2O_5、MnO_2-Mn_2O_3。下面介绍几种较为实用的金属氧化物陶瓷湿度传感器。

（1）$MgCr_2O_4$-TiO_2 陶瓷湿度传感器

$MgCr_2O_4$-TiO_2 陶瓷湿度传感器的结构如图 3-10 所示。$MgCr_2O_4$-TiO_2 陶瓷片的两面涂敷有多孔金电极，金电极与铂-铱合金制成的引线烧结在一起。为了提高测量精度，在陶瓷片的外围设置由镍铬丝制成的加热线圈，加热线圈用于陶瓷湿度传感器使用之前需预先加热，一般加热 1 min 左右以达到除污的效果。

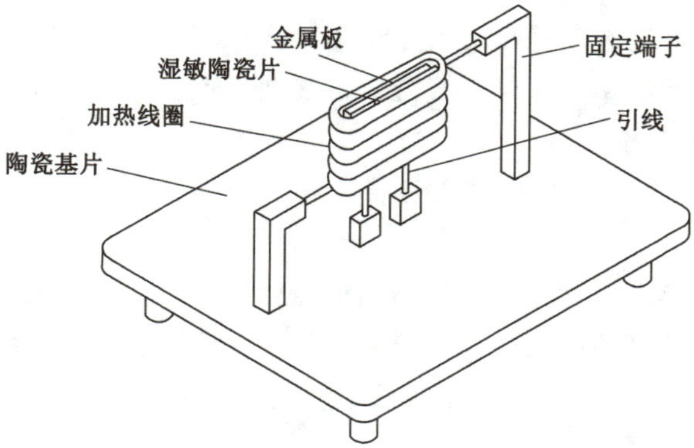

图 3-10　$MgCr_2O_4$-TiO_2 陶瓷湿度传感器结构图

图 3-11 描述了 $MgCr_2O_4$-TiO_2 陶瓷湿度传感器的相对湿度与电阻值之间的关系，由图 3-11 可知，传感器的电阻值随测试环境的湿度增加而减小，又受到测试环境温度的影响。

$MgCr_2O_4$-TiO_2 陶瓷湿度传感器在使用之前应预先加热 1 min 左右，以消除由于油污以及各种有机蒸汽所带来的污染，防止其性能恶化。

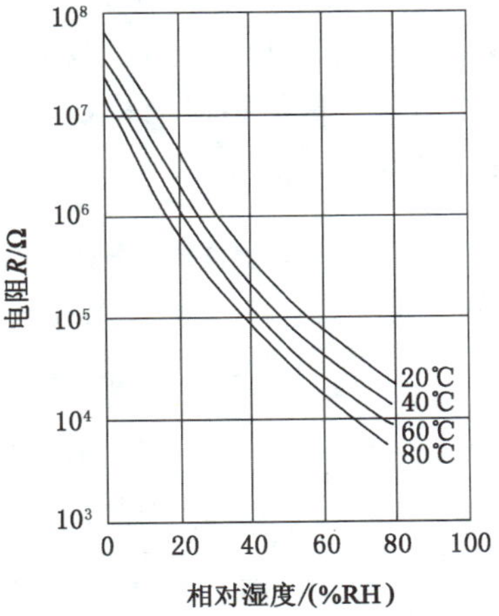

图 3-11 陶瓷湿度传感器的相对湿度与电阻值之间的关系

(2) NiO 陶瓷湿度传感器

NiO 陶瓷湿度传感器的核心材料是镍金属氧化物烧结而成的多孔陶瓷体，它的结构以及外形如图 3-12 所示。在 NiO 多孔陶瓷体的两端有多孔电极，电极由引线引出到传感器的外部。为了减少恶劣环境对传感器性能的影响，在电极的外部还设置有过滤装置。整个器件安装在塑料外壳内。

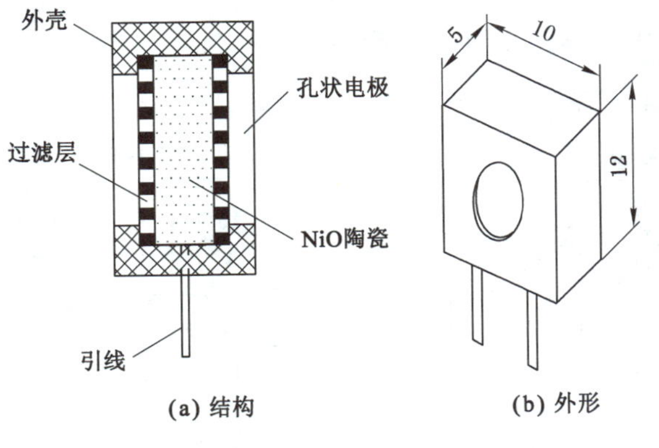

图 3-12 NiO 陶瓷湿度传感器的外形及结构图

NiO 陶瓷湿度传感器利用其微细多孔的特性，吸附或者释放水分子，使电阻值发生变化。其特点是稳定性好，寿命较长，并且对一些有机蒸气有较好的抗污染能力。

表 3-2 列出了国产 UD-8NiO 湿度传感器的基本参数。

除此之外，还有一种名为 ZnO-Cr_2O_3 的陶瓷湿度传感器，它的结构形式与 NiO 陶瓷湿度传感器较为相似。这种传感器能稳定连续地测量湿度，且不需要经过预先加热除污过程便可以直接测量湿度。

表 3-2　国产 UD-8NiO 湿度传感器的基本参数

项目	参数	项目	参数
湿度测量范围/(%RH)	5～10	响应时间/s	≤3
工作温度范围/℃	0～60	工作频率/Hz	50～100
测量精度/(%RH)	±2	工作电压/V	1(AC)
湿滞/(%RH)	<3	温度系数/(%RH/℃)	0.5
稳定性/(%RH/年)	1～2	成分及结构	NiO 烧结体

(3) TiO_2-V_2O_5 陶瓷湿度传感器

同前面介绍的几种湿度传感器类似，TiO_2-V_2O_5 陶瓷湿度传感器也是利用多孔陶瓷烧结体在湿度发生变化时吸附或者释放水分子而产生电阻变化的原理制成的。为了提高测量精度，TiO_2-V_2O_5 陶瓷元件的周围设置有铁铬铝丝材料制成的热清理线圈，相对湿度的测量方法和前面介绍过的几种传感器相同，也是通过测量电极间的电阻阻值来确定相对湿度的大小。

图 3-13 和图 3-14 分别给出了 CGS-H 型湿度传感器的相对湿度与电阻之间的关系以及电阻与温度之间的关系。

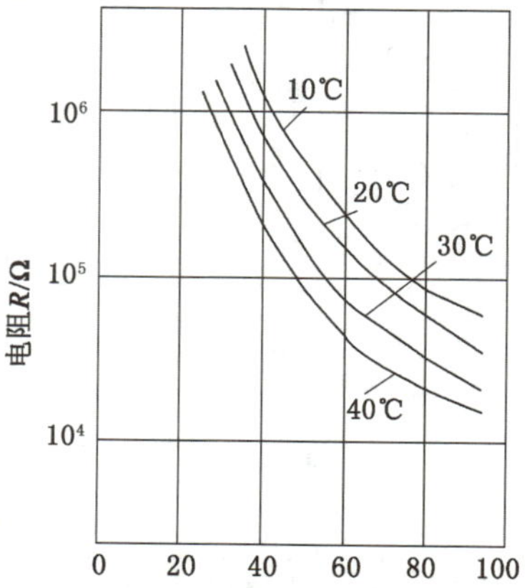

图 3-13　CGS-H 型湿度传感器的相对湿度与电阻之间的关系

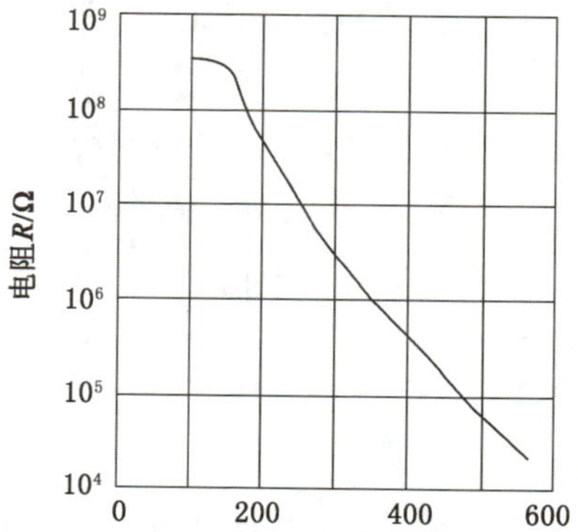

图 3-14　CGS-H 型湿度传感器的电阻与温度之间的关系

通过传感器的温度与电阻的特性曲线图可以清晰地看到，CGS-H 型湿度传感器具有良好的高温性能，越来越多地被人们应用于高温环境湿度的测量中。表 3-3 是此种传感器的基本参数。

表 3-3 国产 UD-8NiO 湿度传感器基本参数

项目	参数	项目	参数
湿度测量范围/(%RH)	0～100	加热器电压	<10
工作温度范围/℃	1～150	加热器电阻丝	ϕ0.03 mm、5 Ω
耐热温度范围/℃	<600	工作电压/V	<15
尺寸/mm	5×2.8×1.5	电极丝/mm	铂 ϕ0.05

(4) 金属氧化物膜湿度传感器

Cr_2O_3、Fe_2O_3、Al_2O_3、Fe_3O_4、Mg_2O_3、ZnO 以及 TiO_2 等金属氧化物的细粉，吸附水分后有极快的速干特性，金属氧化物膜湿度传感器就是利用这种速干特性研制的。金属氧化物膜湿度传感器的结构如图 3-15 所示，其制作方法为：① 在陶瓷基片上制作钯银梳状电极；② 将调制好的金属氧化物的糊状物加工在陶瓷基片及电极上；③ 采用烧结或烘干方法使金属氧化物的糊状物固化成膜。这种膜可以吸附或释放水分子而改变传感器的电阻值，通过测量其电阻值即可确定相对湿度的大小。

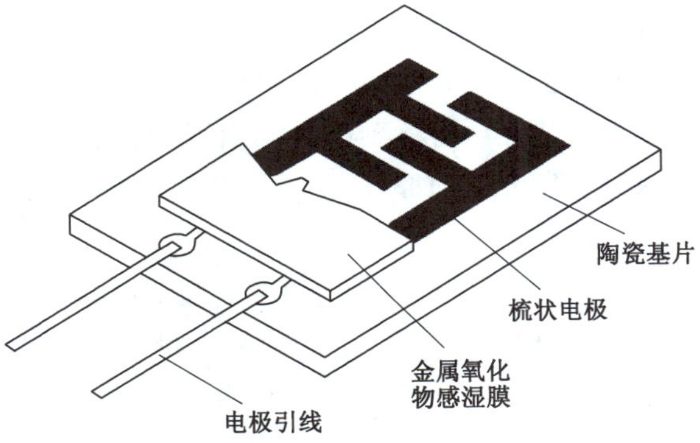

图 3-15 金属氧化物膜湿度传感器结构图

金属氧化物膜湿度传感器的特点是：传感器电阻的对数值与湿度呈线性关系，具有测湿范围及工作温度范围宽的优点，使用寿命在 2 年以上。

表 3-4 列出了一些国内这类传感器的基本参数。

表 3-4　国产金属氧化物膜传感器的基本参数

项目	参数	CM8-A 型
湿度测量范围/(%RH)	0～100	10～98
工作温度范围/℃	−30～150	−35～100
测量精度/(%RH)	±4	±2
湿滞/(%RH)	2～3	1
响应时间/s	≤60	≤10
工作频率/Hz	100～200	40～1 000
工作电压/V	<20(AC)	1～5(AC)
温度系数/(%RH/℃)	0.12	0.12
稳定性/(%RH/年)	<4	<1～2
成分及结构	氯化镁、氧化铬厚膜	硅镁氧化物薄膜

第五节　饱和盐溶液湿度校正装置

湿度计的标定和校正需要具备两个条件:空气的相对湿度恒定;空气的相对湿度已知,可作为标定和校正的标准。标定与校正的方法有重量法、双压法、双温法等。饱和盐溶液湿度校正装置是基于双温法对湿度计进行标定和校正的典型装置,它具有结构简单、可靠性好等优点。

当空气温度不变时,由空气和水组成的封闭空间里,如果时间足够长,空气将达到饱和状态,则水蒸气分压力达到空气温度下的饱和压力。若在水中加入盐类,则溶液中的水分蒸发会受到抑制,使空气中水蒸气饱和分压力降低,则相对湿度降低。

当溶液为饱和盐溶液时,水蒸气饱和分压力达到该温度下最低值,称为饱和盐溶液的饱和蒸汽压。在相同温度下,不同盐类饱和溶液的饱和蒸汽压不同,即对应的饱和空气相对湿度不同(见表 3-5)。因此,只要保证盐溶液处于饱和状态,它所对应的饱和空气的相对湿度也就为定值,利用这个性质便可以对湿度计进行校正。

表 3-5　各类饱和盐溶液对应的相对湿度数值

盐类溶液	相对湿度/%	空气温度/℃	盐类溶液	相对湿度/%	空气温度/℃
$LiCl \cdot H_2O$	11.7	26.68	$NaBr \cdot 2H_2O$	57.0	26.67
$KC_2H_3O_2$	22.5	26.57	$NaNO_4$	72.6	26.67

表3-5(续)

盐类溶液	相对湿度/%	空气温度/℃	盐类溶液	相对湿度/%	空气温度/℃
KF	28.5	26.65	NaCl	75.3	26.68
$MgCl_2 \cdot 6H_2O$	33.2	26.68	$(NH_4)_2SO_4$	79.5	26.67
$K_2CO_2 \cdot 2H_2O$	43.6	26.67	KNO_4	92.1	26.68
$Na_2Cr_2O_7 \cdot 2H_2O$	52.9	26.67			

图3-16是根据上述原理制成的饱和盐溶液湿度校正装置示意图。饱和盐溶液湿度校正装置外部为封闭的长方体金属箱子，中间的隔板把箱体分为上、下两部分。上部为标定室和小室。标定室中装有调节与测定室内温度的温度调节器和温度计，另外还有测定空气露点温度用的光电式露点温度计。小室内有风机及电加热器，风机用于使箱体上、下部分空气循环流动，电加热器和冷却盘管受温度调节器的控制，用于恒定箱体内的空气温度。箱体下部为储有饱和盐溶液的器皿，空气通过循环流动与溶液进行湿交换。当湿度交换达到平衡时，箱体内空气的相对湿度就为该饱和盐溶液所对应的相对湿度。用光电式露点温度计

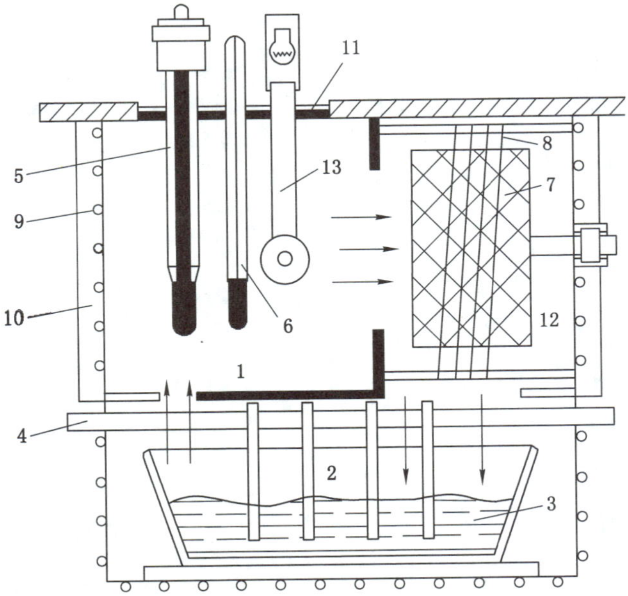

1—标定室；2—盐溶液器皿；3—盐溶液；4—搅拌器；5—温度调节器；
6—温度计；7—风机；8—电加热器；9—冷却盘管；10—保温层；
11—盒盖；12—小室；13—光电式露点温度计。

图3-16 饱和盐溶液温度计校正装置

测得箱内空气的露点温度，再根据箱内温度计测出的箱内空气的干球温度值，可得箱内空气的相对湿度，进而可对标定室内的湿度计进行校正与标定。标定与校正的精度一般可达±1％。

第四章　压力测量

第一节　概　　述

压力或压差是热力过程中的重要参数。一般在热力过程中，经常需要对各种系统及设备中有关介质（如空气、水、蒸汽、氨气等）的压力进行测量和控制。例如，通风管道中的气流速度及流量需通过测定动压力和静压力而获得；锅炉在运行过程中要测量与控制汽包中的蒸汽压力及炉膛负压；冷冻机在运行过程中需要测量蒸发器及冷凝器的压力等。通过这些压力的测量，才能对设备或系统进行合理的操作和调节，使其运行工况保持在正常和安全的要求范围内。所以，保证压力测量的正确对于系统安全、经济地运行有着十分重要的意义。压力是热力过程中重要的热工参数之一。

一、压力的概念

在物理学中，流体介质垂直作用于单位面积上的力称为压强，在工程上常称为“压力”。流体的压强（压力）是流体介质分子受引力作用或分子热运动对容器壁碰撞作用的结果。压强（以下称压力）也是反映流体介质状态的一个重要参数，通常以符号 p 表示，其计算式为：

$$p=\frac{F}{S} \tag{4-1}$$

式中　F——流体介质垂直作用于物体表面上的力，N；

　　　S——承受力的面积，m^2。

按照参照关系的不同，在工程中流体的压力还有以下表述方式：

① 差压（压差）：两个压力之间的差值。

② 绝对压力：相对于绝对压力为零（绝对真空）时的压力值。

③ 表压力（工作压力）：以当地大气压为零时，仪表所测得的绝对压力与当地大气压的差值。

④ 负压(真空表压力):以当地大气压为零,且绝对压力小于当地大气压时,大气压力与该绝对压力之差。

⑤ 大气压:最常用的压力表述方法,它是地球表面以上的空气在地球引力作用下所产生的压力,大气压随所在地的海拔高度、纬度和气象情况而变。

工程上按压力随时间的变化关系又将其分为静态压力(不随时间变化或随时间缓慢变化的压力)和动态压力(随时间作快速变化的压力)。

二、压力的单位

压力是力和面积的导出量。由于单位制、使用场合的不同以及历史发展的影响,目前工程中压力的单位常有多种表示方法(表 4-1)。

表 4-1 不同压力单位间换算表

压力单位	帕/Pa	标准大气压/atm	毫米汞柱/mmHg	毫米水柱/mmH_2O	工程大气压/(kgf/cm^2)	巴/bar
帕/Pa	1	9.87×10^{-6}	7.501×10^{-3}	0.10^2	1.02×10^{-5}	10^{-5}
标准大气压/atm	10.13×10^4	1	760	1.033×10^4	1.033	1.013
毫米汞柱/mmHg	133.3	1.316×10^{-3}	1	13.6	13.6×10^{-4}	1.333×10^{-3}
毫米水柱/mmH_2O	9.806	0.9678×10^{-4}	7.356×10^{-2}	1	10^{-4}	9.806×10^{-5}
工程大气压/(kgf/cm^2)	9.806×10^4	0.967 8	7.356	10^4	1	0.980 6
巴/bar	10^5	9.87×10^{-4}	0.750 1	10.2	0.102×10^{-2}	1

需要说明的是,常用的压力表、U 形表等的指示值是表压力,即相对压力,指超出当地大气压的压力值。如果以真空为压力的测量基点,所测得的压力称为绝对压力:

$$绝对压力=表压力+大气压力$$

通常,把高于大气压力的表压力称为正压力,简称压力;低于大气压力的表压力称为负压,负压的绝对值也称作"真空度"。在差压计中压力高的一侧称为正压,压力低的一侧称为负压,而这个负压并不一定低于大气压力。

本章着重介绍两种常见的压力测量仪器：液柱式压力计和弹性式压力计，并简要地介绍几种压力传感器。

第二节　液柱式压力计

液柱式压力计是根据静力学原理，利用一定高度的液柱来平衡被测压力，通过液柱高度反映被测压力大小。这类压力计的优点是结构简单，使用方便，测量准确度高，反应灵敏；缺点是测压范围较窄，受液柱高度限制，玻璃管易受破坏，读数不方便，所以多用于测量低压、负压和压差。

一、U 形管压力计

如图 4-1 所示，U 形管压力计由两端开口的垂直 U 形玻璃管及垂直放置的有双边刻度的标尺构成。U 形管内盛有一定量的工作液体，测量时，U 形管端与大气相通，另一端与被测压力的空间相通。当被测压力与大气压力相同时，两管中自由液面同处于标尺中央零刻度；当被测压力大于大气压力时，与大气相通的液柱较高；当被测压力小于大气压力时，与大气相通的液柱较低。两侧液柱产生的高度差 H 即为被测的表压力或真空度。

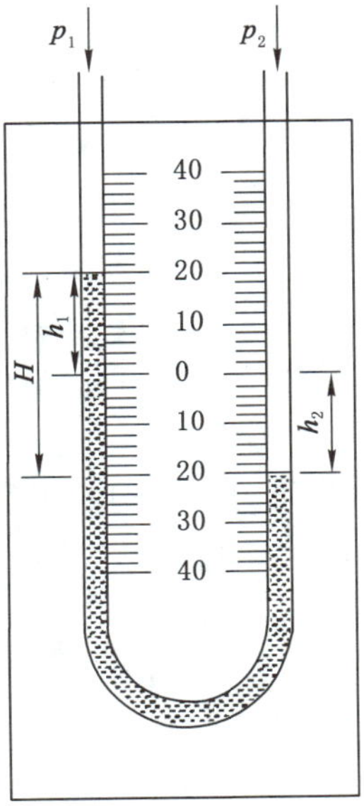

图 4-1　U 形管压力计

$$p = p_2 - p_1 = \rho g H \tag{4-2}$$

式中 p——被测工作压力，Pa；

p_2——被测绝对压力，Pa；

p_1——当地大气压，Pa；

ρ——工作液体密度，kg/m^3；

g——重力加速度，m/s^2；

H——液柱高度差，m。

其中：

$$H = h_1 + h_2$$

常用的U形管压力计的工作液体有水、水银、酒精、四氯化碳等。U形管的液柱高度差一般可用眼睛直接读取，读数时视线应与液面平齐，取液面弯月面顶部切线处数值。当标尺刻度分格值为1 mm时，两边读数的总绝对误差可达到2 mm。因此，在选用工作液体时，尽量选取密度较小的液体，以增大液柱高度差，提高压力计的灵敏度。

U形管压力计产生的误差主要有：① 安装误差——在U形管压力计放置不垂直时，将会产生安装误差；② 读数误差——由于管内工作液体的毛细作用，液柱高度会产生附加升高或降低，其大小与管的内径、工作液的种类等有关；③ 重力加速度误差——随着纬度的变化，重力加速度也会变化，故使用压力计时，尽量选用当地重力加速度值计算，以减少误差；④ 温度误差——由于周围环境温度的变化而引起的误差，温度变化会引起工作液密度发生变化，同时根据热胀冷缩原理，标尺长度也会发生相应变化。

二、单管液柱式压力计

单管液柱式压力计的工作原理和U形管压力计的相同。如图4-2所示，在管与杯形容器中充填水或水银，管口或杯口接大气，另一侧读数则为被测的压力。

与U形管压力计相比，单管压力计左边杯形容器的内径D远大于右边管子的内径，由于液体是不可压缩的，左边杯形容器内工作液体体积的减小量始终与右边管子工作液体体积的增加量相等，即：

$$A\Delta h = ah \tag{4-3}$$

式中 A——杯体截面积，m^2；

a——管子截面积，m^2；

Δh——杯体内液面变化的高度；

h——管子液面变化的高度。

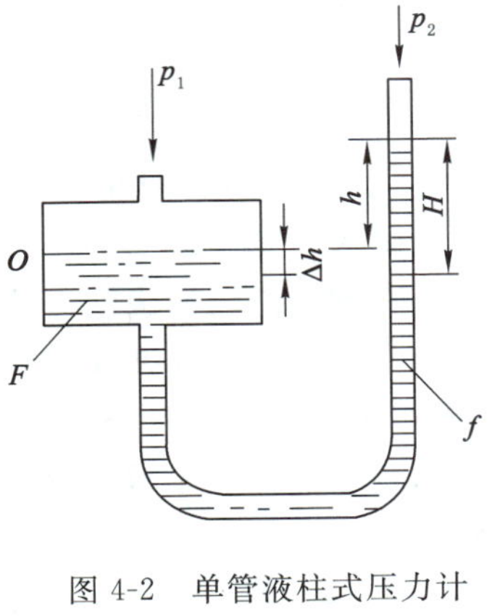

图 4-2　单管液柱式压力计

当 $a \ll A$ 时，Δh 与 h 相比可以忽略不计，此时工作压力为：

$$p_{表} = \rho g(\Delta h + h) \approx \rho g h \tag{4-4}$$

可见单管压力计只需读数一次便可得到测量结果，从而提高了测量精确度，减少了测量误差。

三、斜管压力计

在测量微压时，为了提高灵敏度，将单管液柱式压力计的测量管倾斜放置就得到斜管压力计，如图 4-3 所示。倾斜角度 β 不可太小（一般不小于 15°），否则读数较困难，使误差增大。用这种方法制成的倾斜管液柱式压力计又称为斜管微压计，可以测量 1/10 mm 水柱的微压。

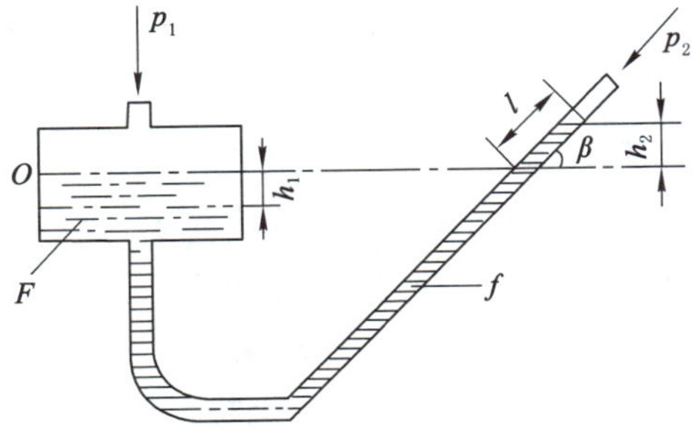

图 4-3　斜管压力计

斜管微压计的特点在于测量管是倾斜安装的，这样使得液面的位移距离放大了 $1/\sin\beta$ 倍，高度增加有利于读取数值，可提高灵敏度、精确度和扩大测量范围。此时测量仪表的工作压力为：

$$p_{表} = \rho g h = l \rho g \sin\beta \tag{4-5}$$

式中 l——测量管中液柱的长度；

β——斜管的倾斜角度。

斜管压力计多用来测量微压和负压，β 值越小，灵敏度越高，但 β 值过小，使液面拉得太长易产生迟滞，一般要求 $\beta \geqslant 15°$。

液柱式压力计在使用过程中，其示值的准确度会受许多因素的影响，如大气压力、重力加速度、封液密度等，其中任何一个因素发生变化，都会造成误差。另外，毛细管现象、环境温度的变化和压力计安装歪斜等也会影响压力计的示值。所以，液柱式压力计一定要在规定的条件下使用，在精密测量中还应根据实际情况对示值进行修正。在使用中应注意以下几点：

(1) 液柱式压力计不宜使用在高温、低冷、有腐蚀或振动的地方。高温易使工作液蒸发，低温易使工作液冻结，无法测量；虽可加入酒精、甘油等使水的冰点降低，但其密度需精确确定，且随温度变化而变化。腐蚀性气体会腐蚀压力计金属部件，使刻度清晰度受到影响。

(2) 液柱式压力计的安装应严格垂直，斜压管应使其与支架底板水平，否则影响读数误差。如用软管连接，其长度不应大于 5 m，接头处应严密，不漏气。

(3) 为减少读数误差，须正确读取液面位置。一般对水银或非浸润液体应读取凸面处，而对浸润液体（如水、酒精）的读数应读取凹面处，斜管酒精的读数也应读取凹面处。

第三节 弹性式压力计

弹性式压力计是利用各种不同形式的弹性元件受被测压力（负荷）的作用产生弹性变形位移而制成的测量仪表，变形位移的大小与被测压力成正比关系。弹性压力计在工业上应用十分广泛，测压范围为 $0 \sim 10^3$ MPa，常常做成气压计、通风计、真空计等。弹性压力计的特点是：结构简单，操作方便，牢固可靠，测量范围广，造价低，有足够的精度，可以安装在各种设备上，经过特殊途径制成的压力计还可以在腐蚀、振动、易堵等恶劣的环境条件下工作。

弹性压力计主要由弹性元件、变换放大机构、指示机构和调整机构等组成。按弹性元件不同，弹性式压力计可分为膜片式、波纹管式和弹簧管式三类。

一、弹性元件的特性和材料

弹性元件是仪表的核心部分，是弹性压力计的测压敏感元件。相同压力下，不同材料、不同结构的弹性元件产生的弹性变形也不尽相同，弹性元件通常用铍青铜、磷青铜等材料制成。弹性元件的特性主要是指其弹性特性、刚度和灵敏度。

在压力的作用下，弹性元件产生相应的变形位移，这种变形位移与压力之间的关系，就称为弹性元件的弹性特性。可表示为下式：

$$S=f(p) \tag{4-6}$$

式中　S——弹性元件的位移；

p——作用在弹性元件上的压力。

另外，还可绘制出变形位移与压力之间的关系来表示弹性特性，称为弹性特性曲线。弹性特性曲线有线性和非线性两种情况，如图 4-4 所示。

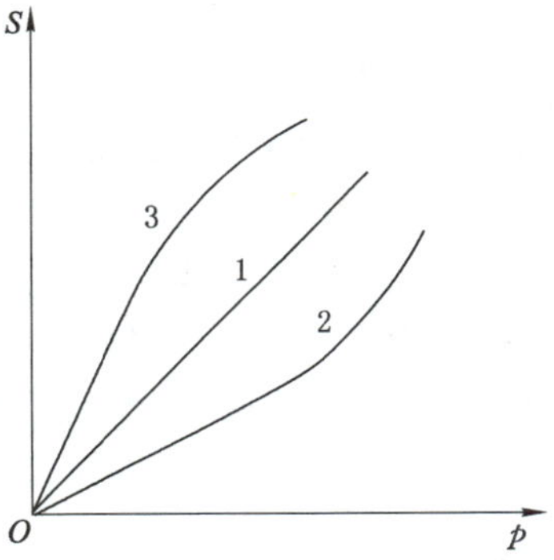

1—线性曲线；2、3—非线性曲线。

图 4-4　弹性特性曲线

在一定压力（负荷）作用下，弹性元件发生单位变形位移，这种压力（负荷）的大小称为弹性元件的刚度，用符号 K 表示。弹性元件的灵敏度是指弹性元件承受单位压力（负荷）所产生的位移，用符号 S 表示。由定义可知，刚度和灵敏度互为倒数，二者是弹性元件弹性特性的两种表现形式，即：

$$K \cdot S=1 \tag{4-7}$$

弹性元件的材料往往决定了弹性元件性能的好坏，弹性元件一般对材料有以下几点要求：① 弹性滞后和弹性后效要小。弹性滞后和弹性后效是造成仪表回差和零位误差的主要因素。② 弹性元件的稳定性和耐腐蚀性要好。③ 弹性极限和强度极限要高。

二、膜片式压力计

膜片式压力计的弹性敏感元件是圆形膜状的膜片，当膜片的两端受到不同压力的作用时，由于压力差的关系，膜片中心将产生位移，由此可以测得压力。

按工作面形状分类，膜片主要有平膜、波纹膜和挠性膜三种。

平膜片是最简单的一种，它是将平膜片沿周边固定在仪表基座上，压力作用在平膜片上使平膜中心产生位移，当中心位移不超过平膜片厚度的一半时，压力与位移之间近似为线性关系。平膜片常用于测量较高的压力。

波纹膜片在实际中最常用，它是有波纹的圆形金属膜片，与平膜片相比，它的容许位移较大，灵敏度高，工作可靠性更好。波纹膜片的主要影响因素有膜片材料、膜片厚度、膜片工作直径以及波纹形状、波纹深度和外缘波纹等。波纹膜片主要用于测量低压和真空。

挠性膜片一般用丁腈橡胶制成，中央部分用两块小金属圆片夹持。一般情况下，挠性膜片与线性较好的弹簧相连，起到压力隔离作用，主要用于测量较低压力和真空。

将两块膜片沿其周边密封焊接起来，组成一薄膜盒子，称为膜盒，其变形位移相对于单块膜片更大，如果需要更大的位移，可以将几个单膜盒串联起来使用。膜盒式压力计常用于测量火电厂风道的风压、炉膛和烟道尾部负压等。

作为感压元件的膜片、膜盒，其准确度要比仪表的准确度高；同时为克服摩擦力，其必须有足够大的弹性变形，以带动传动机构和指针转动。一般情况下，当被测压力大于 60 kPa 时，常选用膜片作为弹性元件，若被测压力小于 40 kPa 时，则选用膜盒。

三、弹簧管式压力计

弹簧管式压力计应用非常广泛，它具有结构简单、测量范围广、价格低廉、工作可靠、使用方便、读数直接等特点。它主要由弹簧管、齿轮传动机构（包括拉杆、扇形齿轮、中心齿轮）、示数装置（指针和分度盘）以及外壳等几部分组成，如图 4-5 所示。

弹簧管式压力计可用于高、中、低压的测量，其测压范围为 $0\sim9.81\times10^{8}$ Pa，精度等级为 0.5～2.5 级。使用时，应根据被测压力的大小选择适当测量范围的弹簧管式压力计。压力计的安全系数应在允许范围之内，同时必须注意被测介质的化学性质，以免发生化学反应，影响测量结果。例如，测量氨气的压力时，应采用不锈钢弹簧管。

弹簧管是由法国人波登发明的，故又称作波登管。它是一根弯成圆弧形的金属管，管子截面是扁圆形或椭圆形。管子的一端封闭，称为自由端；另一端开口且固定在仪表基座上，称为固定端。当固定端承受被测压力，弹簧管截面形状趋于圆形，并伴有伸直趋势，其结果导致自由端产生位移，然后通过机械传动机构带动压力表指针偏转，指示被测压力。弹簧管在去除压力后，并不能马上恢复

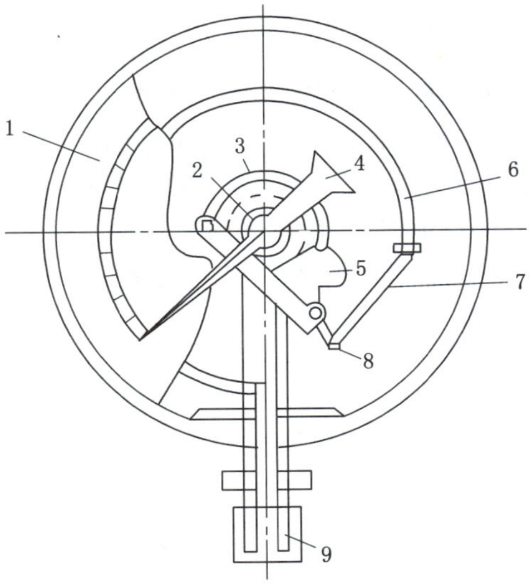

1—面板；2—中心小齿轮；3—游丝；4—指针；
5—扇形齿轮；6—弹簧管；7—拉杆；8—螺钉；9—表接头。
图 4-5 弹簧管式压力计杠杆-扇形齿轮传动机构图

到原状，故会影响测量的精度。在一定的压力下，弹簧管的输出位移除取决于弹簧管的材料性质(弹性模量和泊松系数)、壁厚、截面形状、圈径等参数以外，还与弹簧管的原始中心角成正比。为了减少弹性后效，弹簧管的可靠工作压力，最高不应超过弹性元件弹性极限的50%。弹簧管有单圈和多圈之分，多圈弹簧管自由端的位移量较大，灵敏度也比单圈弹簧管的高。

单圈弹簧管压力计在电厂中应用较多，按机械传动方式分，主要有杠杆传动机构和曲柄连杆机构。最常用的传动机构是杠杆扇形齿轮机构。弹簧管的自由端位移通过拉杆直接带动扇形齿轮转动，扇形齿轮又带动仪表指针的中心小齿轮转动，从而使仪表指针偏转，此机构的指针可转动270°～280°。它的特点是结构简单，抗振动性能好，适合于测量脉动压力，但其灵敏度不高。曲柄连杆结构的弹簧管压力表由滑块(相当于弹簧管的自由端)、曲柄(相当于扇形齿轮的尾部)和连杆(相当于拉杆)组成，其间都用铰链连接。这种压力表不适合测量波动大的压力。

多圈弹簧管压力计是将弹簧管下端固定在仪表壳上，上端与转轴连接，接通压力后，弹簧管变形使转轴旋转，其旋转角度与被测压力大小成比例，指出被测压力的大小。

四、波纹管式压力计

波纹管是一种具有等间距的同轴环状波纹薄壳管，当它受到横向力作用时，将在轴向平面内弯曲；在受到轴向力作用时，能产生较大的位移（图 4-6）。利用这种特性，波纹管可作为压力或力转换成位移的感压元件。另外，可以利用其体积的可变性补偿仪器的温度误差；还可以用作密封隔离元件，防止有害流体进入设备。波纹管测压的特点是位移相对较大，灵敏度高，用于低压或差压测量。

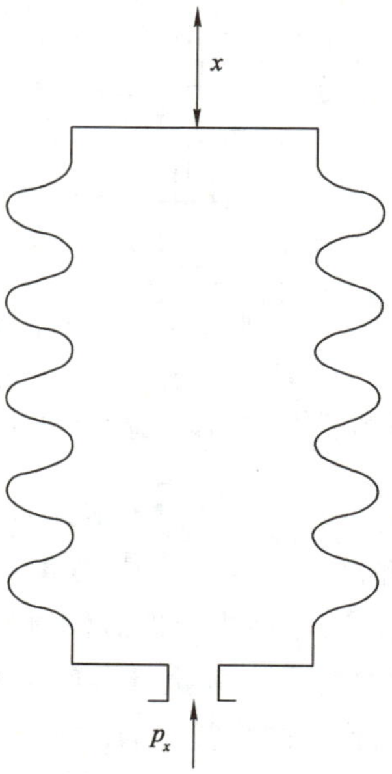

图 4-6　波纹管

波纹管受到轴向的作用力 F 与产生的位移的关系式为：

$$x = F \cdot \frac{1-\mu^2}{Eh_0} \cdot \frac{n}{A_0 - \alpha A_1 + \alpha^2 A_2 + B_0 h_0^2 / R_B^2} \tag{4-8}$$

式中　μ——泊松系数；

E——弹性模数；

α——波纹平面部分的倾斜角；

R_B——波纹管的外径；

h_0——非波纹部分的壁厚；

n——完全工作的波纹数；

A_1、A_2 和 B_0——与材料有关的系数。

因此，对于某一确定材料和形状的波纹管，只要测定其有关的系数，便可通过式(4-8)确定这波纹管所受轴向力与其产生的位移的关系，进而可以利用这种波纹管制作的压力计进行标定。

按结构材质的不同，波纹管可分为金属波纹管和非金属波纹管。金属波纹管主要应用于补偿管线热变形、减震、吸收管线沉降变形；塑料波纹管既具有足够的抗冲击和抗压强度，又具有良好的柔韧性，按照层数的不同，可分为单层波纹管和多层波纹管。单层波纹管在静载荷作用下起位移补偿的作用；多层波纹管多应用于受交变载荷作用或较为重要的管线。

第四节　压力(差压)传感器

一般来讲，压力传感器是指能够感受到被测压力并且按照一定规律转换成可识别信号的仪器。压力传感器在各种工业自控环境中应用相当普遍，它主要由敏感元件、转换元件和测量元件三部分组成。

一、应变片式压力传感器

物体受到压力作用后会产生内应力和弹性变形，在其弹性限度内，内应力与应变量成一定关系，表现为胶合在弹性元件上或与弹性元件制成一体的应变片的电阻发生变化，这一变化经过转化变成电压信号进行输出，从而通过测量电压的大小得出压力的大小。应变片由金属或半导体材料制成。

导体(或半导体)在发生机械变形时，其电阻值随之发生变化的现象称为“应变效应”。如果某段导体的长度为 L，截面积为 F，该导体的电阻率为 ρ，那么它的电阻值 R 可用下式来表示：

$$R=\rho\frac{L}{F} \tag{4-9}$$

对式(4-9)两边取对数，并微分后得：

$$\frac{\mathrm{d}R}{R}=\frac{\mathrm{d}\rho}{\rho}+\frac{\mathrm{d}L}{L}-\frac{\mathrm{d}F}{F} \tag{4-10}$$

式中　$\mathrm{d}L/L$——轴向应变(长度变化)；

$\mathrm{d}F/F$——横向应变。

通常电阻丝呈圆形截面，若 r 为其半径，则截面积 $F=\pi r^2$，于是 $\mathrm{d}F=2\pi r\mathrm{d}r$，所以：

$$\frac{\mathrm{d}F}{F}=\frac{2\pi r\mathrm{d}r}{\pi r^2}=2\frac{\mathrm{d}r}{r} \tag{4-11}$$

由材料力学知道，轴的轴向应变与横向应变的关系为：

$$\frac{\mathrm{d}r}{r}=-\mu\frac{\mathrm{d}L}{L} \tag{4-12}$$

式中　μ——应变片材料的泊松系数。

现在，考虑电阻体变形时 L 与 F 之间的关系，即把式(4-12)代入式(4-11)中，则有：

$$\frac{\mathrm{d}F}{F}=-2\mu\frac{\mathrm{d}L}{L} \tag{4-13}$$

把式(4-13)代入式(4-10)，则得：

$$\frac{\mathrm{d}R}{R}=\frac{\mathrm{d}L}{L}-(-2\mu\frac{\mathrm{d}L}{L})+\frac{\mathrm{d}\rho}{\rho}=(1+2\mu)\varepsilon+\frac{\mathrm{d}\rho}{\rho} \tag{4-14}$$

式中　ε——应变量，$\varepsilon=\mathrm{d}L/L$。

式(4-14)说明，应变片的电阻变化率是几何应变效应$(1+2\mu)\varepsilon$项和压电电阻效应$\frac{\mathrm{d}\rho}{\rho}$项综合作用的结果。对于金属材料来说，由于压电电阻效应极小，即$\frac{\mathrm{d}\rho}{\rho}\ll 1$，因此，电阻变化主要是由几何应变效应引起的，此时$\frac{\mathrm{d}R}{R}\approx(1+2\mu)\varepsilon$；对于半导体材料，其压电电阻效应很大，$\frac{\mathrm{d}\rho}{\rho}\gg(1+2\mu)\varepsilon$，此时应变效应可忽略不计，可以认为$\frac{\mathrm{d}R}{R}\approx\frac{\mathrm{d}\rho}{\rho}$。

通过以上叙述可知，弹性元件的应变转换为电阻值的大小是由金属或半导体材料制成的电阻体(应变片)来完成的。金属丝电阻应变片的工作原理是基于金属丝的应变效应，而半导体材料制成的电阻体的工作原理是基于半导体的压阻效应。

在半导体(如单晶硅)的晶体结构上加以压力，会暂时改变晶体结构的对称性，因而改变了半导体的导电机理，表现为它的电阻率 ρ 的变化，这一物理现象称为压电电阻效应，简称压电效应。

由半导体材料的压电效应可知：

$$\frac{\mathrm{d}\rho}{\rho}=\pi E\varepsilon \tag{4-15}$$

式中　π——半导体材料的压电电阻系数；

　　　E——半导体材料的弹性模数。

综上所述，可得应变片电阻变化率的表达式为：

金属导体　$$\frac{\mathrm{d}R}{R}\approx(1+2\mu)\varepsilon \tag{4-16}$$

半导体
$$\frac{dR}{R} \approx \pi E\varepsilon \tag{4-17}$$

由式(4-16)和式(4-17)可知，在已知 μ 或 π、E 的条件下，应变片电阻值的变化率与应变片的应变量 ε 成比例关系。

衡量应变片的灵敏度，通常以灵敏度系数 $K=\frac{dR}{R}/\varepsilon$ 表示，则由式(4-16)和式(4-17) 可得：

金属导体
$$K \approx 1+2\mu \tag{4-18}$$

半导体
$$K \approx \pi E \tag{4-19}$$

常用应变片的灵敏度系数值大致是：金属导体应变片的为 2 左右，半导体应变片的为 100～200，因此，半导体应变片比金属导体的灵敏度系数值大几十倍。

电阻应变的结构应变片主要由电阻栅(金属栅)和基底组成，如图 4-7 所示。由于单根金属丝不可能做得太细太长，故实用时多为金属栅的形式(现多用金属箔先刻成任意形状的应变片)，栅下有一绝缘基片，上有保护层覆盖。使用应变片时，可将其黏贴在变形物体上，当物体变形时，应变片的 dR/R 发生变化，测得其值可相应地得出 ε 值。dR 的测量多采用平衡电桥。

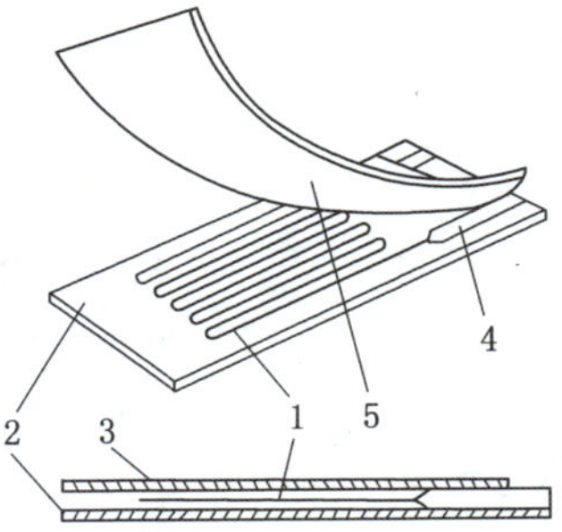

1—电阻栅；2—基底；3—黏合剂；4—引线；5—保护层。

图 4-7　电阻应变片的结构图

由于应变片与应力测量应用十分广泛，故有专门仪器厂家生产各种型号的应变片及测量用的应变仪供选用。如将应变片贴在弹簧管、膜片等变形体上，即可进行压力的电测。

二、霍尔式压力传感器

霍尔式压力计是基于“霍尔效应”制成的测量弹性元件变形的一种电气式压力计。它具有结构简单、体积小、重量轻、功耗低、灵敏度高、频率响应宽、动态范围

(输出电势的变化)大、可靠性高、易于微型化和集成电路化等优点,但信号转换效率低、对外部磁场敏感、耐振性差、温度影响大,使用时应注意进行温度补偿。

(1) 霍尔式压力计的原理

如图 4-8 所示,当电流 I(y 轴方向)垂直于外磁场 B(z 轴方向)通过导体或半导体薄片时,导体中的载流子(电子)在磁场中受到洛伦兹力(其方向由左手定则判断)的作用,其运动轨迹有所偏离,如图中虚线所示。这样,薄片的左侧就因电子的累积而带负电荷,相对的右侧就带正电荷,于是在薄片的 x 轴方向的两侧表面之间就产生了电位差。这一物理现象称为霍尔效应,其形成的电势称为霍尔电势,能够产生霍尔效应的器件称为霍尔元件。当电子积累所形成的电场对载流子的作用力 F_E 与洛伦兹力 F_L 相等时,电子积累达到动态平衡,其霍尔电势 V_H 为:

$$V_H = \frac{R_H BI}{h} \tag{4-20}$$

式中 V_H——霍尔电势,mV;

R_H——霍尔常数;

B——垂直作用于霍尔元件的磁感应强度,T;

I——通过霍尔元件的电流,又称控制电流,mA;

h——霍尔元件的厚度,m。

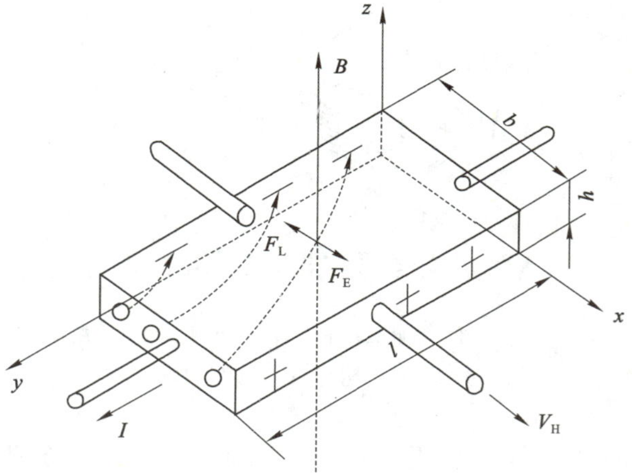

图 4-8 霍尔效应原理图

霍尔元件的特性经常用灵敏度 K_H 表示,即:

$$K_H = \frac{R_H}{h}$$

则霍尔电势为:

$$V_H = K_H BI \tag{4-21}$$

式(4-21)表明，霍尔电动势的大小正比于控制电流 I 和磁感应强度 B 的乘积及灵敏度 K_H。灵敏度 K_H 表示霍尔元件在单位磁感应强度和单位控制电流下输出霍尔电势的大小，一般要求它越大越好。灵敏度 K_H 大小与霍尔元件材料的物理性质和几何尺寸有关。由于半导体(尤其是 N 型半导体)的霍尔常数 K_H 要比金属的大得多，因此霍尔元件主要由硅、锗、砷化钢等半导体材料制成。此外，元件的厚度 h 对灵敏度的影响也很大，元件越薄，灵敏度就越高，所以霍尔元件一般都比较薄。

由式(4-20)还可以看出，当控制电流的方向或磁场的方向改变时，输出电动势的方向也将改变。但当磁场与电流同时改变方向时，霍尔电动势并不改变原来的方向。

(2) 霍尔式压力计的基本电路

霍尔元件的基本电路可用图 4-9 来表示，激励电流由电源 E 供给，可调电阻 R 用来调节激励电流 I 的大小，霍尔输出端接负载 R_L，当激励电流的方向和磁场方向改变时，输出电势的方向也随着改变。

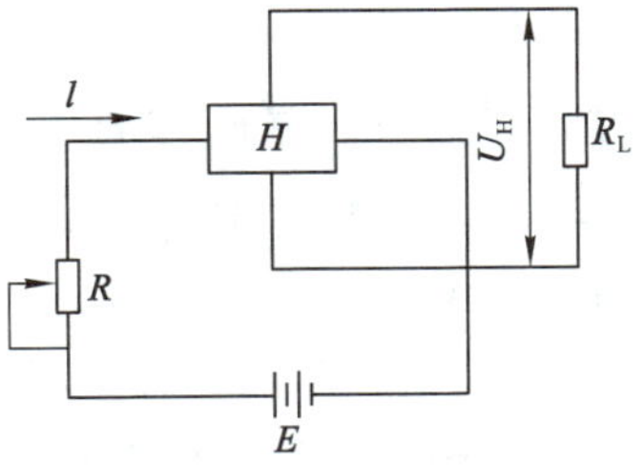

图 4-9　霍尔元件的基本电路图

(3) 霍尔式压力计的结构

如图 4-10 所示为霍尔式压力计结构图。弹簧管一端固定在接头上，另一端即自由端上装有霍尔元件。在霍尔元件的上、下方垂直安放两对磁极，一对磁极所产生的磁场方向向上，另一对磁极所产生的磁场方向向下，这样使霍尔元件处于两对磁极所形成的一个线性不均匀差动磁场中。为得到较好的线性分布，磁极端面做成特殊形状 V_H 的磁靴。

在无压力引入情况下，霍尔元件处于上下两磁场中心即差动磁场的平衡位置，霍尔元件两端通过的磁通方向相反，大小相等，所产牛的霍尔电势代数和为零。当被测压力 p 引入弹簧管固定端后，与弹簧管自由端相连接的霍尔元件由于自由端的伸展而在非均匀磁场中运动，从而改变霍尔元件在非均匀磁场中的平衡位置，也就是改变了磁感应强度 B，根据霍尔效应，便产生相应的霍尔电势。

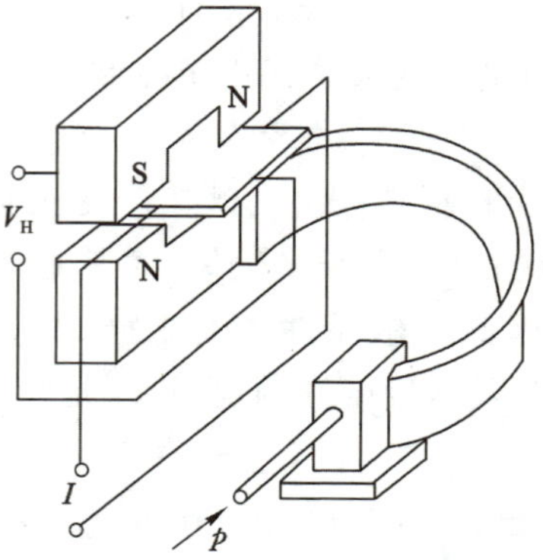

图 4-10　霍尔式压力计的结构图

由于沿霍尔元件偏移方向磁场强度的分布呈线性增长状态，元件的输出电势与弹簧管的变形伸展也为线性关系，即与被测压力 p 呈线性关系。

三、电容式压力计

电容式压力传感器以各种结构的电容器作为传感元件，当被测压力变化时电容也随之发生变化，这样就可以通过测量电容的变化值来达到测量压力的目的。这种压力传感器具有结构简单、灵敏度高、动态响应特性好、抗过载能力大等一系列优点。但是，它也有一些明显的缺点和问题，如输出特性的非线性、寄生电容和分布电容对灵敏度和测量精度影响较大，以及测量电路比较复杂等，因而限制了它的广泛应用。近年来，随着微型集成电路的出现，有效地抑制了分布电容的影响，因此，它的应用又有了进一步的发展。

(1) 电容式压力计的工作原理

电容式传感器把被测压力转换成电容量的变化，实际上就是一个具有可变参数的电容器。在大多数情况下，它是由平行板组成的平板电容器(图 4-11)，当不考虑边缘电场影响时，其电容量 C 为：

$$C=\frac{\varepsilon S}{d}=\frac{\varepsilon_r\varepsilon_0 S}{d} \tag{4-22}$$

式中　ε——介质的介电常数；

S——极板的面积；

d——极板间的距离；

ε_r——相对介电常数；

ε_0——真空介电常数，8.85×10^{-12} F/m。

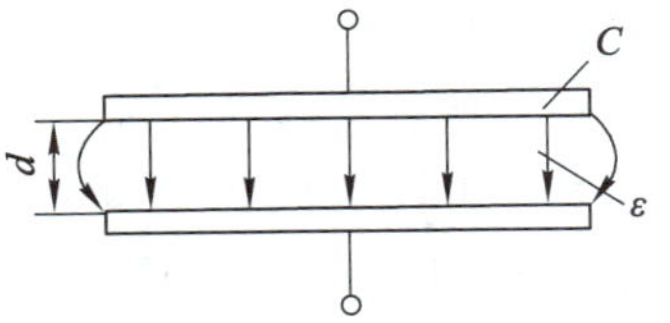

图 4-11 平板电容器

由式(4-22)可见，平板电容 C 受 d、S 和 ε 三个参数的影响。如果保持其中的两个参数不变，而仅仅改变剩下的另一个参数，而且使该参数与被测压力之间存在某一函数关系，那么被测压力的变化就可以直接由电容器电容 C 的变化反映出来。电容量 C 的变化，在交流工作时，就改变了容抗 X_c，从而使输出电压、电流或频率得以改变。

(2) 电容式压力计的结构

电容式压力传感器实质上是一种位移传感器，它先利用弹性元件(通常是膜片)感受压力的变化，弹性元件在被测压力作用下产生变形，引起传感器电容的变化，通过测量电容来达到测量压力的目的。

如图 4-12 所示，图中波纹膜片 3 作为传感器的动极片，而安装在支架 5 上的极片 6 为定极片，它们组成一个电容器；标准垫片 9 安置在动极片与定极片之间，用来保证两极板间的初始间隙，也由此决定这只电容传感器的初始电容 C_0；固定螺钉把支座 1、支架 4 和标准垫片等连接起来。测量时，待测的介质从支座 1 的中间孔进入传感器内，加压力于膜片 3 上，使膜片产生与标准垫片 9 相应的位移，从而改变两极板间的电容量，这样就完成了压力-电容的转换过程。

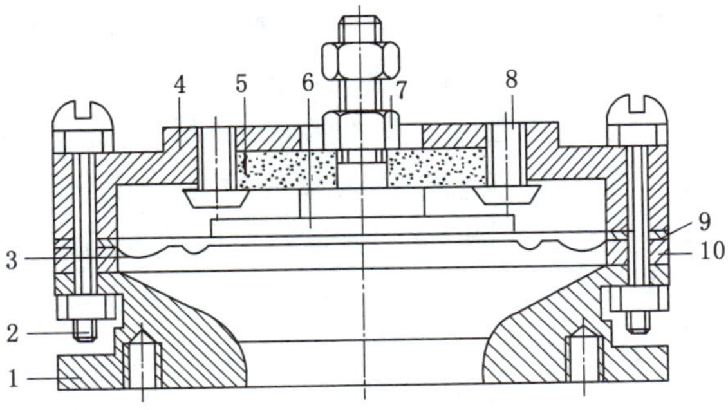

1—支座；2—固定螺钉；3—膜片；4—支架；5—定极片陶瓷支架；
6—定极片；7—定极片固定螺母；8—陶瓷支架的固定螺钉；9—标准垫片；10—垫片。

图 4-12 电容式压力传感器结构图

(3) 电容式压力计的转换部分

转换部分是指电容→电流转换和电流放大部分，其作用是将电容量的变化转换成标准电流输出信号(4～20 mA,DC)。转换电路包括解调器、振荡器、振荡控制扩大器、调零电路、调量程电路、电流控制放大器、电流转换器、电流限制器、反向保护等部分，见图 4-13 所示。

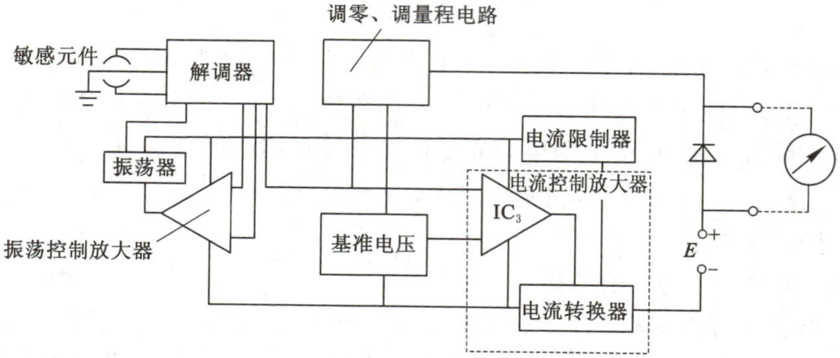

图 4-13　转换电路图

第五节　压力检测仪表的选择与校验

一、压力检测仪表的选择

压力检测仪表的选择是一项重要工作，包括仪表类型、量程及精度的选择。正确选用仪表类型是保证测量精度和仪表正常工作及生产安全进行的重要前提，如果选择不当，不仅不能正确、及时地反映被测对象压力的变化，还可能引起事故。所以应根据生产工艺对压力检测的要求、被测介质的特性、现场使用的环境等条件合理地考虑。如生产工艺对压力精度的要求，以及是否需要压力信号现场指示、远传、报警、自动记录等；被测介质有无腐蚀性、温度与压力高低、易燃易爆情况、是否易结晶等；现场环境条件如振动、电磁场等问题。

1. 仪表量程的选择

为了保证敏感元件工作的可靠性和安全性，也考虑被测对象发生异常而导致压力高于正常值，对仪表的量程选择必须留有足够的余地。

一般在测量较稳定的压力时，仪表最大工作压力不应超过其满量程的 3/4；在测量波动较大的压力或脉动压力时，仪表最大工作压力不应超过其满量程的 2/3。同时，为了保证测量准确度，最小工作压力还不应低于仪表满量程的 1/3。

当被测压力变化范围大，最大和最小工作压力可能不能同时满足上述要求，此时在仪表量程的选择上应首先满足最大工作压力条件。

目前我国生产的压力(包括差压)检测仪表有统一的量程系列，分别为 1 kPa、1.6 kPa、2.5 kPa、4.0 kPa、6.0 kPa 以及它们的 10^n 倍数(n 为整数)。

2. 仪表精度的选择

一般情况下，应根据生产允许的最大误差来确定压力检测仪表的精度，即要求实际被测压力允许的最大绝对误差小于仪表的基本误差。此外，为避免选择过高精度的仪表而造成浪费，只要仪表精度满足测量要求即可。

3. 仪表类型的选择

压力检测仪表类型的选择主要应考虑以下几个方面：

(1) 被测介质压力的大小。如测量压力属于微压范围，即几百帕至几千帕(几十个毫米水柱或汞柱)，宜采用液柱压力表或膜盒压力计；若被测介质压力在 15 kPa(1 500 mmH_2O) 以下且不要求迅速读数，可选择 U 形压力计或单管压力计；如要求迅速读数，可选用膜盒压力表；对于压力在 50 kPa (0.5 kgf/cm^2) 以上的情况，弹簧管压力表是较好的选择。

(2) 被测介质的性质。在进行压力检测时，压力敏感元件往往要与被测介质直接接触，因此根据仪表的工作条件合理选择压力检测仪表的材料。例如，对腐蚀性较强的介质应使用像不锈钢之类的弹性元件或敏感元件；氨用压力仪表则要求仪表的材料不允许采用铜或铜合金，因为氨气对铜的腐蚀性极强；氧用压力仪表在结构和材质上可以与单通压力仪表完全相同，但要禁油，因为油进入氧气系统极易引起爆炸。

(3) 对仪表输出信号的要求。类似于弹簧管压力表那样的直接指示型的仪表可应用于只需要观察压力变化的情况；如需将压力信号远传到控制室或其他电动仪表，就必须选用电气式压力检测仪表或其他具有电信号输出的仪表，如霍尔压力传感器；如果要求检测快速变化的压力信号，则压阻式压力传感器一类的电气式压力检测仪表是较好的选择；如果控制系统要求能进行数字通信，则可选用智能式压力检测仪表。

(4) 仪表的使用环境。对于易爆炸的环境，应选择防爆型压力仪表；对于极端温度环境，应选择温度系数小的敏感元件以及其他变换元件。

二、压力仪表的校验

压力仪表经过长期使用，会因弹性元件的弹性衰退而产生缓变误差，或是因弹性元件的弹性滞后和传动机构的磨损而产生变差。所以，必须定期对压力计进行校验，以保证测量的可靠性。

校验就是将被校验压力表和标准压力表通以相同压力，比较它们的指示数值，如果被校表对于标准表的读数误差小于被校表规定的最大准许绝对误差Δm，则认为被校表合格。所选标准表的允许最大绝对误差应小于被校验表允许最大绝对误差的1/3，这样标准表的示值误差相对于被校表来说可以忽略不计，认为标准表的读数就是真实压力的数值。

根据校验结果，如果被校表引用误差、变差的值均不大于精度值，则该被校表合格。如果压力表校验不合格，可根据实际情况调整其零点、量程或维修更换部分元件后重新校验，直至合格。对无法调整合格的压力表可根据校验情况降级使用。

常用的校验仪器是活塞式压力计，其结构原理如图4-14所示，它由压力发生部分和测量部分组成。

压力发生部分：手摇泵通过手轮旋转丝杆，推动工作活塞挤压工作液，经工作液传给测量活塞。工作液一般采用洁净的变压器油或蓖麻油等。

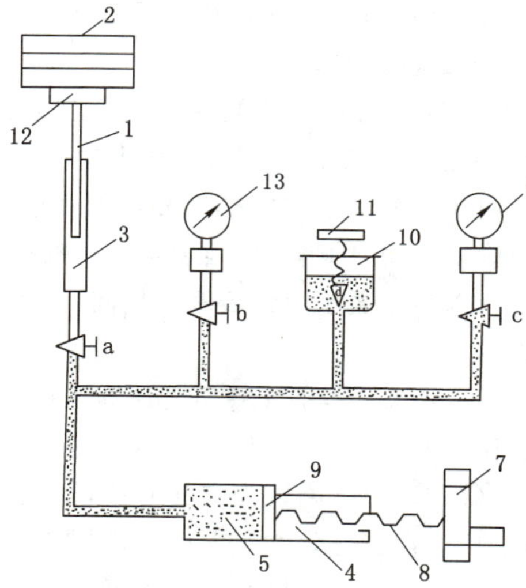

1—测量活塞；2—砝码；3—活塞栓；4—手摇泵；5—工作液；
6—被校压力表；7—手轮；8—丝杆 9—手摇泵活塞；10—油杯；
11—进油阀手轮；12—托盘；13—标准压力表；
a，b，c—切断阀。

图4-14　活塞式压力计示意图

测量部分：测量活塞上端的托盘放上荷重砝码并插入活塞柱内，测量活塞下端承受手摇泵向左挤压工作液所产生的压力P的作用。当作用在活塞下端的油压与活塞、托盘及砝码的质量所产生的压力相平衡时，活塞就被托起并稳定在一定位置上。因而根据所加砝码与活塞、托盘的质量以及活塞承压的有效面积就可确定被测压力的数值。被测压力的大小可用下式计算：

$$P=\frac{(m_1+m_2)g}{A} \tag{4-23}$$

式中 P——被测压力，Pa；

m_1——活塞、托盘的质量，kg；

m_2——砝码质量，kg；

A——活塞承受压力的有效面积，m^2；

g——重力加速度，m/s^2。

由于活塞的有效面积 A 与活塞、托盘的质量 m_1 固定不变，所以专用砝码的质量 m_2 就和油压具有简单的比例关系，一般砝码上都标有相应的压力值。这样在校验压力表时，只要静压达到平衡，直接读取砝码上的数值即可知道油压系统内的压力，通过比较被校压力表与标准压力表读数差值，便可知被校压力表的误差大小。也可在 b 阀上接标准压力表，由手摇泵改变工作液压力，逐点校验被校表误差。

当校验真空表时，其操作方法与校验压力表略有不同，可按下列步骤进行：

(1) 关闭切断阀 a、b(见图 4-14)，开启进油阀，并将手摇泵螺杆全部旋入泵内(顺时针旋转)。

(2) 关闭进油阀，打开切断阀 b、c(b 阀上接标准真空计或 U 形管水银压力计)，反时针旋转手摇泵手轮，使系统内产生真空。若旋转一次尚未达到所需真空时，可重复(1)(2)直至所需的真空度为止。

(3) 比较被校压力表与标准压力表的读数差值。

用压力表校验仪校验真空计设备简单，操作方便。但校验仪产生的真空度只能达到-8.6×10^4 Pa (−650 mmHg)。若需校验更高的真空度，可用真空泵作为真空源进行校验。

三、压力(差压)计的安装

压力(差压)计的安装正确与否，将直接影响测量的准确性和仪表的使用寿命。

1. 测压点的选择

(1) 测压点要选在被测介质作直线流动的直管段上，不可选在管路拐弯、分岔、死角或能形成旋涡的地方。

(2) 测量流动介质时，导压管应与介质流动方向垂直，管口与器壁应平齐，并不能有毛刺。

(3) 测量液体时,取压点应在管道下部;测量气体时,取压点应在管道上部。

2. 引压管的敷设

(1) 引压管应粗细合适,一般内径为6～10 mm,长度应尽可能短,最长不得超过50 m。

(2) 引压管水平安装时,应保证有1∶10～1∶20的倾斜度,以利于积存在其中的液体(或气体)排出。

(3) 当测量液体压力时,在引压系统最高处应装设集气器;当测量气体压力时,在引压系统最低处应装设水分离器;当被测介质有可能发生沉淀析出时,在仪表前应加装沉降器。

(4) 引压管不宜过长,以减少压力指示的迟缓。

3. 压力(差压)表的安装

(1) 压力(差压)仪表应安装在能满足规定的使用环境条件和易于观察检修的地方。

(2) 压力表的位置与被测压力的取压点不在同一个水平位置时,应该考虑静压对压力指示值的影响,应进行修正。

(3) 安装地点应力求避免振动和高温的影响。

(4) 测量蒸汽压力时,应加装凝液管,以防止高温蒸汽与测压元件直接接触;对于有腐蚀性的介质,应加装有中性介质的隔离罐。总之,针对被测介质的不同性质应采取相应的防温、防腐、防冻、防堵等措施。

(5) 取压口到压力表之间应装有切断阀门,以备检修压力表时使用。切断阀应装设在靠近取压口的地方。在需要进行现场校验和经常冲洗引压管的情况下,切断阀可改用三通阀。

(6) 仪表必须垂直安装。如装在室外时还应加保护罩。

(7) 使用压差计来测量液体流量时或引压管中为液体介质时,应使两根引压管路内的液体温度相同,以免由于两边产生密度差而引起附加的测量误差。

第五章　流速及流量测量

流速与流量测量是建筑环境与能源应用工程测试技术的重要部分，其测试的技术与仪器丰富多彩。掌握流速与流量测量的原理对于工程热力学与传热学实验的学习有重要作用。本章将对流速与流量测量的基本方法和原理进行简要介绍。

第一节　流 速 测 量

流体速度是描述流动现象的重要参数，流速测量是研究流体的重要方法。流体流动速度的测量仪表中常用的有机械式风速仪、热线风速仪和测压管。

一、机械式风速仪

机械式风速仪历史悠久，应用范围广泛。机械式风速仪的测速元件为叶轮，当气流流过叶轮时，气流流动的动压力作用在叶片上，使叶轮产生回转运动，其旋转的角速度与气流速度成正比。机械式风速仪是根据这一原理来进行流速测量的。早期的风速仪是将叶轮的转速通过机械传动装置连接到指示或计数设备，以显示其所测风速。现代的风速仪是将叶轮的转速转变为电信号，自动进行显示或记录。

机械式风速仪根据叶轮的形状可划分为翼式和杯式两种类型，其中杯式机械式风速仪的结构如图 5-1 所示。翼式机械式风速仪可测量 0.6～40 m/s 范围内的气流速度，可测量脉动的气流和速度的最大值、最小值及流速的平均值，测量精度为±0.2 m/s。翼式机械式风速仪可用来测定仪表所在位置的气流速度，也可用于大型管道中气流的速度场，尤其适用于相对湿度较大的气流速度的测定。利用翼式风速仪测定流速时，必须保证风速仪的叶轮全部放置于气流流场之中，叶轮叶片的旋转平面和气流方向之间的偏差越小，风速仪的读数误差也越小。偏转角度增大时，测量误差将急剧增加。杯式机械式风速仪的叶片形状是半球形的，测量时叶轮轴向与流速方向垂直，其机械强度比翼式的大，故其测

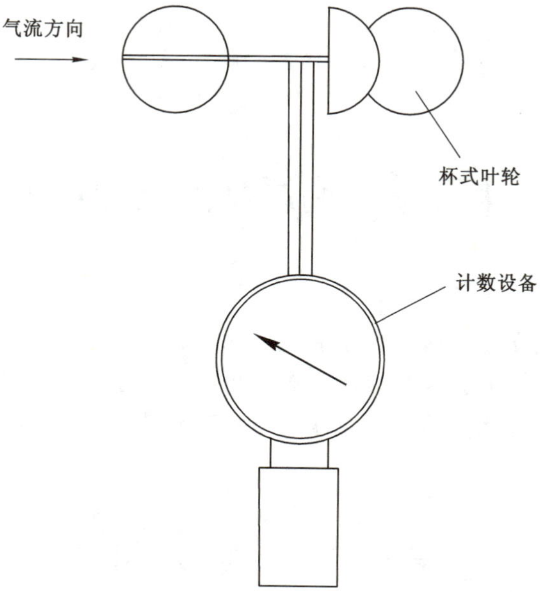

图 5-1 杯式机械式风速仪

速上限也较大。

二、热线风速仪

热线风速仪发明于20世纪20年代,它是将流体速度信号转变为电信号的一种测速仪器,也可用于测量流体的温度。其基本原理是:将一根细的金属丝放在流体中,通过电流加热金属丝,使其温度高于流体的温度,因此将金属丝称为"热线"。当流体沿垂直方向流过金属丝时,将带走金属丝的一部分热量,使金属丝温度下降。显然,热线在气流中的散热量与流速有关,散热将导致热线温度变化而引起金属丝电阻变化,如此则流速信号转变成电信号。热线测速仪可用于测量流体的平均流速、脉动速度和流动方向。

当热线向流体散热达到平衡时,单位时间热线的发热量 Q_R 应与热线对流体的放热量 Q 平衡,即:

$$Q = Q_R \tag{5-1}$$

$$Q = \alpha F(T_w - T_f) \tag{5-2}$$

$$Q_R = I_w^2 R_w \tag{5-3}$$

式中 I_w——流经热线的电流,A;

R_w——热线的电阻,Ω;

F——热线换热面积，m^2；

α——热线对流换热系数，$W/(m^2 \cdot ℃)$；

T_w——热线温度，℃；

T_f——流体温度，℃。

通过式(5-1)～式(5-3)可以求得流体的放热量 Q，然后再根据已知的流体的物性参数，可以求得流体的流速。

热线垂直于流动方向安置，它的两端固定在相对粗大的支架上，金属丝由电流加热，它的温度高于周围介质温度。由于热线的长径比较大，故可忽略热线对支杆的导热损失，又由于热丝加热温度与周围介质温度相差不是很大，故可忽略热辐射损失，这样单位时间的发热量与热线的对流换热量平衡。

热线风速仪的关键部件是小尺寸的热线或热膜探头，由于探头的几何尺寸较小，对流场的干扰小，它经常用于一般探针难以布置的流场位置。另外，由于它热惯性小，特别适合脉动流场的测量。目前，热线风速仪的控制与数据采集完全可以由计算机实现，可以同时处理大量的流速数据。热线的材料通常为铂、钨或铂铑合金等熔点高、延展性好的金属。金属铂的性能非常稳定，在 800 ℃以下，温度系数误差极小，可以忽略温度对其本身电阻的影响。另外，铂具有良好的工艺性能，易于提纯，在高温介质中不易氧化，可以做成非常细的丝或极薄的铂箔，故常用于精密测量。

在使用热线风速仪进行流速测量时，流体的速度只是流过热线的电流和热线电阻(热线温度)的函数。只要固定电流和电阻两个参数中的任何一个，就可以获得流体速度与另一个参数的单值函数关系。因此，热线风速仪可分为恒流型与恒温型两种。

恒流型热线风速仪即在热线工作过程中，用一恒值电流对热线加热，即 I_w 为常数。由于流体对热线对流冷却，且冷却能力随着流速的增大而加强。当流速呈稳态时，则可根据热线电阻值的大小确定流体的速度。

恒流型热线风速仪的原理如图 5-2 所示。当流体流速增加时，热线的温度下降，即热线电阻 R 下降，此时电桥将失去平衡，热线电流将发生变化，为保持通过热线的电流不变，可调节与它串联的控制电阻 R_1，使热线所在桥臂的总电阻保持不变，电桥将恢复原来的平衡状态，这样就建立了电桥输出电压与热线电阻的关系，也就是建立了控制电阻 R_1 上的压降与流体流速的关系。

恒温型热线风速仪是通过保持热线温度恒定，测得热线电流值来确定流速的。它避免了恒流型热线风速仪变温、变电阻的工作状态，故热线的使用寿命和稳定性较好。图 5-3 所示是一个恒温型热线风速仪的工作原理图。热线探针置于流体中，当流速发生变化时热线温度将随之升高或降低，从而引起热线电阻变

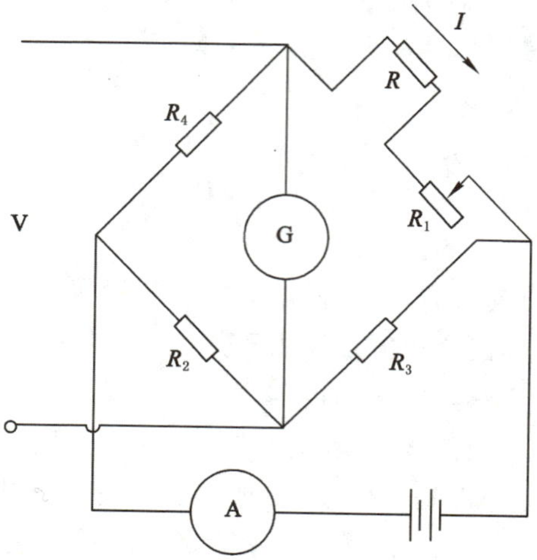

图 5-2　恒流型热线风速仪原理图

化，热线电阻的变化又将导致 U_{cz} 变化，经差动放大后，反馈至电桥输入端，使 U_{sr} 发生变化，从而导致流经热线的电流发生变化，最后使电桥失去平衡。再改变控制电阻 R_3 的电阻值，流过热线的电流也将减小或增大，使电桥恢复平衡。热线温度保持恒定，从而建立了输出电压 U_{sc} 与流速的关系。

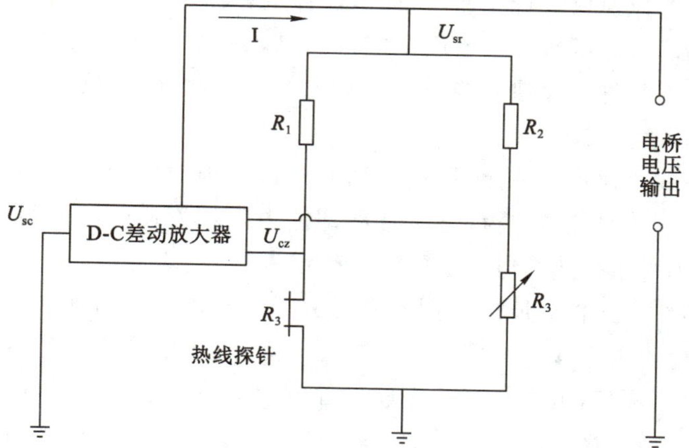

图 5-3　恒温型热线风速仪原理图

与其他测量流速的仪表相比，热线测速仪的优点有：频率响应高，可达 1 MHz；适用范围广，不仅适用于气体也可用于液体，在气体的亚声速、跨声速和超声速流动中均可使用；测量精度高，重复性好。其缺点是：探头对流场环境有一定要求，比如测试环境要较洁净，温度应在一定范围内；探头对流场有一定的干扰，热线容易断裂。

三、测压管

测压管测速的理论依据是伯努利方程。当无黏不可压缩流体（理想流体、密度不变）作定常流动时，根据伯努利方程有：

$$\frac{v_1^2}{2g}+\frac{p_1}{\rho g}+z_1=\frac{v_2^2}{2g}+\frac{p_2}{\rho g}+z_2=C \tag{5-4}$$

流体绕流过物体表面时，会在物体表面的某些点完全停滞，速度减小为零，此时的压强称为滞止压强，也称总压强。当流体绕过物体表面流动时，管道侧壁上连接的测压管测得的压强为静压强。对于运动流体而言，静压可用垂直于流体运动方向单位面积上的作用力来衡量。总压与静压之差称为动压。

由式(5-4)可知，总压与静压之间的关系为：

$$p_0=p_s+\frac{\rho v^2}{2} \tag{5-5}$$

式中 p_0——流体总压，Pa；

p_s——流体静压，Pa；

v——流体流速，m/s。

由此可得流体的流速为：

$$v=\sqrt{\frac{2}{\rho}(p_0-p_s)} \tag{5-6}$$

在用测压管测量流速时，涉及压强系数和临界点两个概念。压强系数是无量纲量，定义式为：

$$K_p=2\frac{p-p_s}{\rho v^2} \tag{5-7}$$

式中 p——流体任一点的压强，Pa；

p_s——流体静压，Pa；

v——流体未受扰动时的速度，m/s。

在绕流物体上总存在流体速度为零的一些点，称为驻点，其压强为滞止压强。在驻点处，压强系数 $K_p=1$；此外，在绕流物体表面也存在压强等于来流静压强的点，其压强系数 $K_p=0$。找到物体上 $K_p=1$ 和 $K_p=0$ 的点，测出其压强，即可根据式(5-6)求出流体的流速。常用总压管和静压孔测量空气流速。

1. 总压管和静压孔

用于测量总压的测压管称为总压管。由绕流理论可知，流体中某一点的总压等于绕流物体上驻点的滞止压强，总压探针就是根据这一原理设计的。总压管的一端管口轴线对准来流方向，另一端管口与仪表相连，这样便可测出被测点的气流总压与大气压之差。一般取使测量误差为流速1%的偏流角 α_p 作为总压管的不敏感偏流角，α_p 的范围越大，越有利于测量。

L形总压探针是结构最简单、使用最广泛的总压探针，它是一个弯成"L"形的细管，具有多种形状的头部，测压孔开在端部正对来流方向。其测量原理如图5-4所示，当测量流体流速时，测压孔应对准来流方向以测量该点总压。L形总压探针的不敏感偏流角一般小于15°，探针支杆对测量结果影响较小。

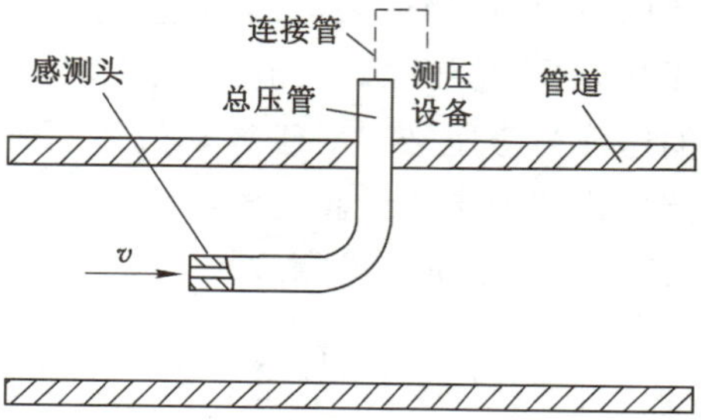

图5-4　L形总压探针测速原理图

测量绕流物体表面或流道壁面某点压力时，可采用在通道壁面或绕流物体表面开静压孔的方法。测量流道壁面静压力时，测压孔应开在直线管壁上；测压孔轴线应与壁面垂直，其直径为0.5 mm左右，最大不应超过1.5 mm，测孔边缘应整齐、光洁。

2. 毕托管

毕托管是由总压管和静压管组合而成的，它可以同时测量流体在某点处的总压和静压或动压。毕托管结构简单、使用方便、造价低廉、坚固可靠，可用于测量流场某点处的平均速度，其头部的尺寸决定了毕托管的测量空间分辨率。另外，测孔的位置、大小、形状等都会影响其测量的准确度。

L形毕托管是最常见的毕托管之一，它的主要部件是感测头、外管、内管和总压、静压引出管。在毕托管水平测量段的适当位置处有静压测孔，用于测量流体静压并与静压引出管连通。感测头顶端有总压测孔，用于测量流体总压。使用方法与L形总压探针的使用方法基本相同，应保证总压孔轴线与来流方向平行，但当毕托管用于测量流体动压时对来流方向的敏感度较总压管的低，如头部为球形的毕托管在流动方向偏斜±10°的范围内，总压与静压均下降，其动压基本保持不变。

第二节　流量测量

一、流量的定义

流体的流量是指单位时间内通过某一位置或截面的流体的量，可以用质量或体积表示，对应的流量称为质量流量和体积流量，分别用 q_M 和 q_V 表示。流量可由流过某一截面的流体质量或流体体积及流过该截面所用的时间表示：

$$q_M=\frac{dM}{dt} \tag{5-8}$$

$$q_V=\frac{dV}{dt} \tag{5-9}$$

式中　M——流体流过一定截面的质量，kg；

t——流体流过该截面的时间，s；

V——流体流过一定截面的体积，m^3。

这两者之间的关系为：

$$q_M=\rho q_V \tag{5-10}$$

式中　ρ——流体的密度，kg/m^3。

因不同温度和压强下的流体密度不同，当给出体积流量时，应指明流体的工作密度。当流体为气体时，为了便于比较，常需把它在工作状态下的体积流量折算到标准状态（压力为 101 325 Pa、温度为 0 ℃）下的体积流量。在国际交流及资料、刊物中一般使用质量流量。在工程实际中，有时需要知道某段时间间隔内通过某一流通截面的流体总量，这就是所谓的累计流量。累计流量除以相应的时间间隔即为该时间段内的平均流量。

流量测量方法可分为直接测量法和间接测量法两种。直接测量法就是准确地测量出某一间隔时间内流过的流体总量，然后算出平均流量。另一种方法就是测量与流量有关的物理量，再利用相应的关系式求得流量的间接测量法。目前工程上和科学实验中多数采用间接测量流量的方法，比如接下来要介绍的容积法、差压法等。

二、流量测量方法的分类

流量测量对象可以是液体、气体或多相状态流体，其流动特性有速度、差压、容积、质量、离心力、阻力、旋涡、散热、超声传播速度等，因此流量测量方法种类繁多。目前常用的流量计采用的流量测量方法可分为四类：

(1) 容积式测量法

该型流量计通过测量在单位时间内，流体进入或排出某定容容器的次数来计算流量，即：

$$q_V = nV \tag{5-11}$$

式中 n——单位时间内被测流体进入或排出定容容器的次数；

V——定容容器的容积，m^3。

容积型流量计工作原理简单，测量结果受流动状态影响较小，精度较高，尤其适合于测量高黏度和低雷诺数的流体，但不适宜测量高温高压和脏污介质的流量。常见的容积型流量计有椭圆齿轮流量计、腰轮流量计和旋转活塞式流量计等。

(2) 速度式测量法

速度式流量计通过测量流体在管道各截面微元 dA 上的流速 v 来获得通过各截面微小面积的微小流量 dq_V，即：

$$dq_V = v \cdot dA \tag{5-12}$$

通过管道整个截面的体积流量为：

$$q_V = \int v \cdot dA \tag{5-13}$$

式中 v——截面上流体的平均流速，m/s；

A——截面面积，m^2。

该类流量计可用于高温高压流体流量的测量，精度较高。然而，由于其采用平均速度作为测量基准，因此，极易受到流动状态变化的影响，这使得其较难实现精确测量。常用的速度式流量计有涡轮流量计、旋涡流量计、超声流量计、电磁流量计等。

(3) 质量式测量法

质量式流量计利用与流体质量相关的物理效应来测量流量，其通过直接或间接的方法测量单位时间内流过管道截面的流体质量数。采用此类测量方法的仪表常见的有叶轮式质量流量计、温度-压力自动补偿流量计等。

(4) 差压式测量法

差压式流量计根据伯努利方程中流体压差与流速呈一定关系的原理，通过测量差压大小来确定流量。

流量计的种类较多，适用范围也不同，应根据被测流体的性质、测量用途和工况条件合理选择流量计。

第三节 容积式流量计

容积式流量计又称定排量流量计,与其他类型的流量仪表相比,容积式流量计精度最高。其工作原理是:液体在一个固定容积的空间里充满后,随流量计内部运动部件的移动而被送出流量计出口,这样通过测量单位时间内通过流量计的流体的数量就可以求出被测流体的体积流量。

容积式流量计的核心部件是已知体积的机械运动部件,根据所用的机械运动部件,可将容积式流量计分为腰轮型、齿轮型、椭圆齿轮型、转式气体型、刮板型和活塞型等。要注意的是,容积式流量计测得的是流体的体积流量,如果要得到被测流体的质量流量,需要进行相应的换算,即需测量流体的温度和压力。测量温度、压力变化大的流体时,也有采用自动补偿温度和压力的方法,直接指示质量流量或标准状态值。容积式流量计的最大特点是对被测流体的黏度不敏感,常用于测量重油等黏度比较大的流体。

在使用容积式流量计时,仪器前须加装滤网,仪器处还要加装旁通管路,以方便经常清扫。有时还要加装气体分离器,以排除被测液体中混入的气体。仪器运转中应经常注意其回转声音,如发现测量室内有反常的碰击声,应及时拆开进行检查。

下面将介绍容积式流量计中常用的几种类型,即椭圆齿轮流量计、转式气体流量计和腰轮流量计。

一、椭圆齿轮流量计

椭圆齿轮流量计是应用最为广泛的一种容积式流量计。该型流量计有一对相互啮合的椭圆齿轮,其工作原理为:两个椭圆齿轮具有相互滚动并进行接触旋转的特殊形状,如图 5-5 所示。图中 P_1 和 P_2 分别表示入口压力和出口压力,且入口压力大于出口压力。这一对椭圆齿轮交替地相互带动旋转,在循环过程中互为主动轮与从动轮。一次循环动作排出四个由齿轮与壳壁间围成的新月形空腔的流体体积,该体积称作流量计的循环体积。

将流量计的循环体积记为 V',如果一定时间内齿轮转动的次数为 N,则在该时间内流过流量计的流体体积 V 为:

$$V = NV' \tag{5-14}$$

二、转式气体流量计

转式气体流量计也叫湿式流量计,常用于气体流量的测量。该型流量计的

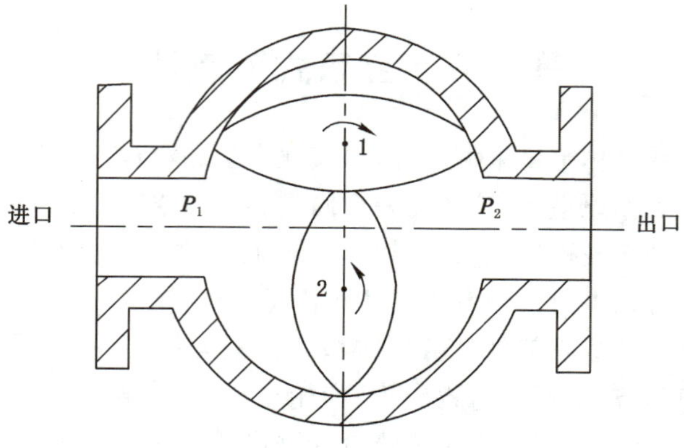

1、2—椭圆形齿轮。

图 5-5　椭圆齿轮流量计结构图

特点是在流量计的内部注入一半左右的水，它的机械运动部件是一个转筒。这个转筒内部分为几个部分，有一半浸在水中，并绕中心轴旋转。转式气体流量计的气体入口位于水面以下的位置，气体通过进口处的气管流入转筒内，推动转筒转动，并从气体出口处排出。转筒旋转时，其内的一些空间部分没入液体中，气体从水中排出。转筒每转一周就排出一定固定容积的气体。转式气体流量计的内部结构如图 5-6 所示。

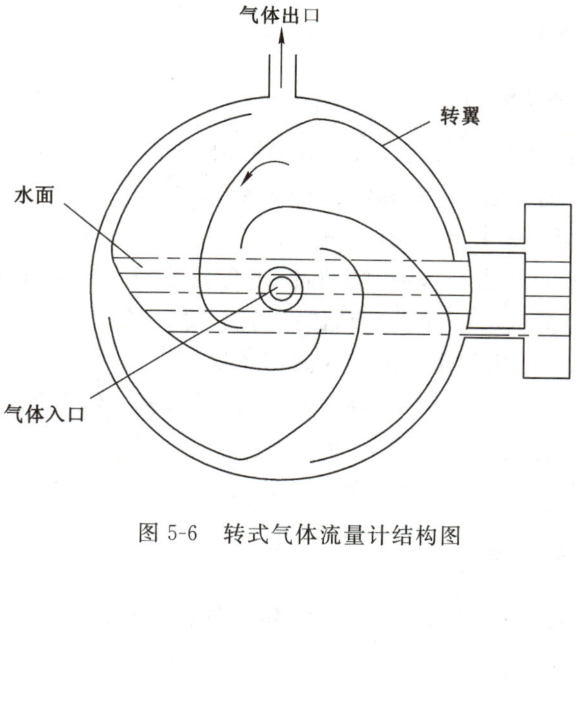

图 5-6　转式气体流量计结构图

三、腰轮流量计

腰轮流量计也是一种较为常见的容积式流量计，其工作原理与椭圆齿轮流量计相同。其特点是腰轮上没有齿，它们不是直接相互啮合转动，而是通过安装在壳体外的传动齿轮组进行传动。即腰轮流量计的转子是一对不带齿的腰形轮，在转动过程中，依靠套在壳体外的与腰轮同轴的啮合齿轮来完成驱动，其结构如图 5-7 所示。腰轮流量计除可测液体外，还可测量气体，精度可达±0.1%，且该型流量计测量的最大流量可达 1 000 m^3/h。

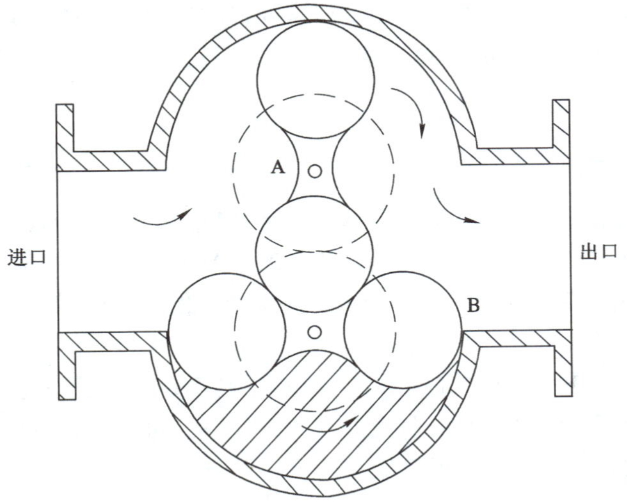

图 5-7　腰轮流量计结构图

当流体流入时，静压力均匀地作用在腰轮转子 A 的一侧上，转子 A 一开始为竖直位置，此时转子因力矩平衡而不转动；另一个腰轮转子 B 一开始为水平位置，由于出入口的压力差而受到旋转力矩并开始旋转，同时带动固定在同一轴上的驱动齿轮旋转，通过一对驱动齿轮的啮合关系，使转子 A 也开始旋转。此时，转子与壳体之间所构成的具有一定容积的计量腔中的液体被送到流量计的出口端。随着转子旋转位置的变化，转子 B 上力矩逐渐减少，而转子 A 上则产生转动力矩，并逐渐增大。当两个转子都旋转了 90°时，转子 A 产生的转动力矩最大，而转子 B 上无转动力矩。这时，两个驱动齿轮相互改变主从动关系，两转子交替地把经计量腔计量过的流体连续不断地由流量计的入口排出到出口，从而达到计量目的。一对转子转一周，则有四倍于计量腔容积的流体从入口端到出口端。

此外，腰轮流量计能实时地显示累计流量，并可以实现远程测量、显示和控制。它精度高，重复性好，范围度大，对流量计前、后直管段要求不高。适用于黏度较高的流体测量，流体黏度变化对测量精度的影响较小；也适用于无腐蚀性流体，如原油、柴油和润滑油等。

第四节 速度式流量计

速度式流量计的原理是已知管道截面面积及流体在该截面的平均流速，根据流量计算公式 $q_V = vF$ 得到流体的体积流量。值得注意的是，了解被测流体的流速分布和流速对测量的影响是掌握速度式流量计使用的前提。目前常用的速度式流量计有涡轮流量计、电磁流量计、超声波流量计和涡街流量计，下边将分别进行介绍。

一、涡轮流量计

涡轮流量计可以测量液体或气体的流量，且能达到很高的精度。涡轮流量计的叶轮是轴流式的。涡轮流量计的雏形来自 Woltman 在 1790 年的发明。今天，各式各样的涡轮流量计已被成功应用于石油、化学工业、低温工程、食品、航空等重要工业领域。

涡轮流量计是一种典型的速度型流量计，图 5-8 给出了涡轮流量计的结构图。在非导磁不锈钢壳体 5 的前端安装有一个导流器 6，其上沿径向安装了四个互相垂直的直叶片。导流器后端与支承 2 上分别安装了高纯度石墨轴承。轴

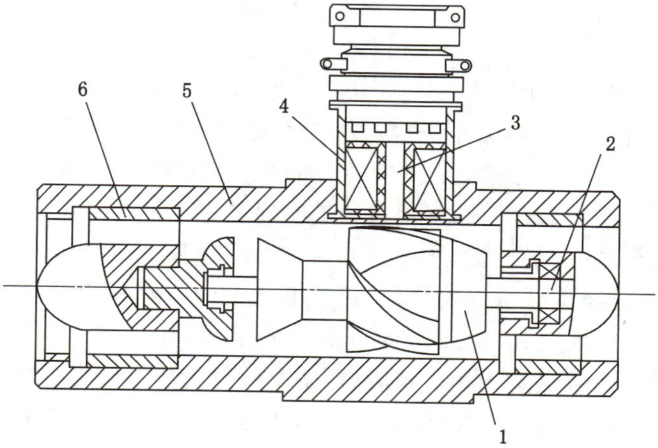

1—涡轮；2—支承；3—永久磁铁；4—电磁感应线圈；5—壳体；6—导流器。

图 5-8 涡轮流量计结构图

承上安置涡轮 1。壳体后部固定了一个后向导流器。壳体外部正对涡轮 1 处为电磁感应线圈 4，感应线圈中间为永久磁铁 3。

涡轮由导磁性良好的不锈钢制成，其叶片制成螺旋形，以承受流体冲击。磁电转换装置多用磁阻式的，它是把磁钢放在感应线圈内，当流体流过流量计时便推动涡轮旋转，当涡轮旋转时，周期性地改变磁电装置的磁阻值，这样，感应线圈磁通量的变化就会感应出脉冲电信号。导流器是将流入变送器的流体在到达涡轮前进行整流，以消除涡流，保证仪表精度。

根据涡轮的旋转运动方程可以推出，涡轮的转速与被测流体的平均速度成正比，即与被测量流量的大小成正比。涡轮的旋转使得导磁的叶片周期性地改变检测器中磁路的磁阻值，从而使通过感应线圈的磁通量发生变化，在感应线圈的两端即感生出电脉冲信号。在一定的流量范围内，该电脉冲频率 f 与流经流量计的流体的体积流量成正比，即：

$$q_V = \frac{f}{K} \tag{5-15}$$

式中　f——电脉冲频率，Hz；

K——流量计的仪表常数，次/m^3；

q_V——流量，m^3/s。

其中，常数 K 与涡轮流量计的结构以及被测流体的性质等因素有关，一般通过实验方法进行标定。只有当涡轮流量计的仪表常数 K 为恒定的常数时，才能保证被测体积流量 q_V 与脉冲频率 f 之间具有理想的线性关系，否则该函数关系即为非线性的。仪表常数 K 在流量范围内的变化特性以 K-q_V 曲线表示，如图 5-9 所示。

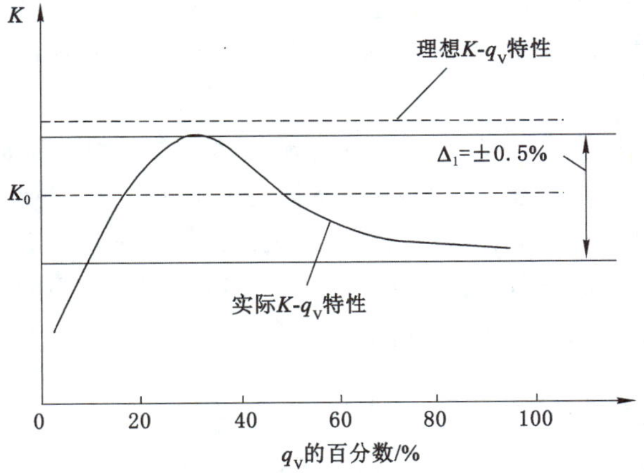

图 5-9　涡轮流量计的线性特性

理想的 $K\text{-}q_V$ 曲线应该是一条平行于 y 轴的直线，对应着 K 为不随流量大小变化的常数。然而，由于流体动力学性能的影响，再加上涡轮承受阻力矩的作用，使得实际的 $K\text{-}q_V$ 曲线具有高峰特征，其峰值一般位于流量计上限流量的20%～30%的范围内。显然，该曲线峰值限制了流量计可测量流量范围的下限。为了拓展流量计的测量下限，设计流量计时，应该尽量减轻涡轮质量，减少涡轮转动部分的摩擦阻力矩，使得 $K\text{-}q_V$ 曲线高峰的位置尽可能前移、峰谷压平，以拓展线性工作段，使当流量较小时的 K 值也为常数。另外，选用涡轮流量计时，应尽量使测量范围位于流量计 $K\text{-}q_V$ 曲线的线性段。

涡轮流量计的仪表常数 K 与流体的黏度密切相关，随着流体(尤其是液体)黏度的增大，流量计的线性测量范围缩小。用于测量液体的涡轮流量计，仪表制造厂所提供的仪表常数通常是用常温水标定的。当被测液体的黏度大于 $15\times10^{-6}\,m^2/s$ 时，流量计的测量误差明显增大，其变送器特性必须在实际工作条件下重新标定。

涡轮流量计是一种速度型流量计，它根据流体速度的大小测量流体的体积流量。由其工作原理可见，流体推动涡轮旋转的过程实际上是将流体的动能转换为机械能的过程，也就是说，推动涡轮转动的力矩不仅与流动速度成正比，还与流体的密度成正比。当被测流体的流速不变时，流体密度的变化也会引起涡轮转速的变化，因而引起涡轮流量计读数的测量误差。所以，当被测流体的密度值受温度、压力的影响而发生显著变化时，需要加入补偿器以补偿相应的测量误差。

涡轮流量计的仪表特性直接受流体流动状态的影响，其中对涡轮变送器进口处的流速分布尤为敏感。进口处流速的突变和流体的旋转可能导致明显的测量误差，而这些流动状态的形成主要取决于该处的管道结构。为了改善进口处的流动状态，除了在涡轮变送器上游安装导流器外，还必须保证其前后均有一定长度的直管段。

涡轮流量计只能水平安装，流体的主流流动方向必须与流量计壳体上指示的方向一致。当流体中含有杂质时，流量计的上游侧可安装过滤器，滤网的目数一般为20～60目，且不引起明显的阻力损失。涡轮流量计内必须充满介质。涡轮流量计的使用应避开高温、振动强烈、磁场干扰和腐蚀性强的场合。涡轮流量计同样需要标定，一般标定时间间隔为一年。

二、电磁流量计

电磁流量计是根据法拉第电磁感应定律制成的一种速度式流量计，最早应用于1922年。

根据法拉第定律，当导体在磁场中沿垂直磁力线方向运动而切割磁力线时，在导体两端将产生感应电势。该感应电势的大小与磁感应强度 B，磁场中作垂直切割磁力线方向运动的导体长度 L 和导体在磁场中的运动速度 v' 成正比。感应电动势 e 的大小为：

$$e = Bv'L \tag{5-16}$$

如果切割磁力线的不是金属导体而是流动的导电液体，此时可将切割磁力线的长度近似取为流体流场的直径 D，用被测流体的平均流速 v 近似代替导体的运动速度 v'，可得：

$$e = BDv \tag{5-17}$$

电磁流量计就是利用这一原理制成的，如图 5-10 所示。当磁感应强度 B 及流体流场的直径 D 为恒定值时，产生的感应电动势只与被测流体的平均流速 v 成正比。这样，被测液体的体积流量为：

$$q_V = \frac{\pi D}{4B} e \tag{5-18}$$

由上式可知，体积流量 q_V 与感应电动势 e 呈线性关系，不受被测流体的温度、压力、密度、黏度等参数影响。

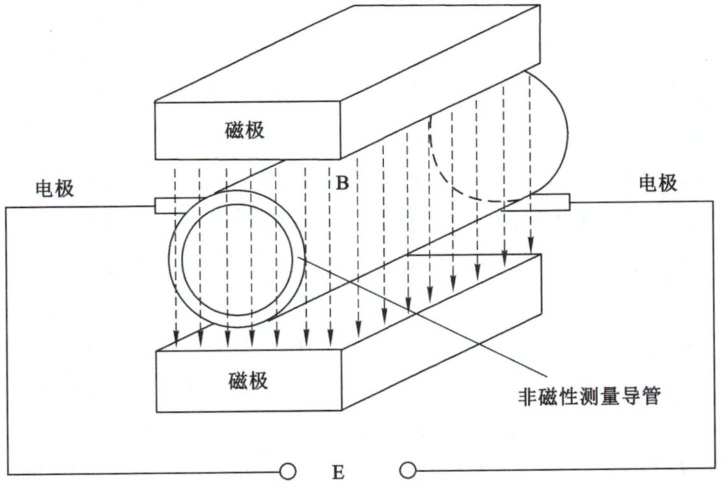

图 5-10　电磁流量计原理示意图

应用电磁流量计时，磁场必须是均匀分布的恒定磁场；被测流体的流速呈轴对称分布；被测流体是非磁性的，被测流体的电导率均匀且各向同性；测量管道应采用强度好、磁导率低、电阻率高的材料制造，管内应涂有耐腐蚀、耐高温的内衬材料。电磁流量计一般由测量管、励磁系统（励磁线圈、磁轭等）、电极、接线盒和外壳组成。

电磁流量计一般采用直流励磁、交流励磁和低频方波励磁三种励磁方式，其中，低频方波励磁方式能同时发挥直流励磁和交流励磁的优点。在半个周期内，其产生的磁场是恒稳的直流磁场，此时它具有直流励磁的特点，受电磁干扰影响很小。从整个时间过程看，方波信号又是一个交变的信号，所以它能克服直流励磁易产生的极化现象。因此，低频方波励磁是一种比较好的励磁方式，目前已在电磁流量计上广泛应用。

电磁流量计结构简单，无相对运动部件，阻力损失小；测量范围宽，测量精度高；可任意改变量程，可测量正反方向流体的流量。适当选用绝缘内衬，可以测量各种腐蚀性溶液的流量，尤其是测量含有固体颗粒的液体，更显示其优越性。

在使用电磁流量计时应注意以下几个问题：

(1) 电磁流量计安装位置应选择在任何时候测量导管内都能充满液体的地方，以防止由于测量导管内没有液体而指针不在零位时易引起的误差。最好是垂直安装，使被测液体自下向上流经仪表，这样可以避免在导管中有沉淀物或在介质中有气泡而造成的测量误差。

(2) 精度可能会达±0.125%。首先保证流量计上游直管段的长度，一般至少5倍传感器的直径，以保证流动充分发展。流量计的下游也要有3倍传感器直径的直管段，一般要安装调节阀门。尽管电磁流量计的精度较高，仍要经过标定才能使用。由于真空可能引起对电磁流量计衬套的损害，所以电磁流量计不允许安装在泵的抽吸侧。

(3) 电磁流量计的信号比较弱，流量很小时，输出只有几微伏，外界略有干扰就能影响测量的精度。因此，其外壳、测量导管以及电磁流量计两端的管道都要接地，并且要求单独设置接地点，绝对不要连接在其他电器的公用地线或上、下水管道上。

(4) 电磁流量计相对于其他流量计，其在小流量工况下也能获得2%的分辨率，在大流量工况下相对于其他体积流量计，电磁流量计的前后直管段相对较短，可以节省空间，但是管路中的介质流动应稳定，且在流量计上游直管段的入口处，液流应呈轴对称状态，不允许有明显的脉动和涡旋。电磁流量计仅能测量导电的并且是非磁性的液态介质，且介质内不允许夹杂磁性颗粒。

(5) 电磁流量计的安装地点要远离一切磁源(例如大功率电机、变压器等)，且不能有振动。

三、超声波流量计

超声波流量计是20世纪发展起来的一种新型测量流量的仪器，其原理是超声波在介质中的传播速度与该介质的流动速度有关。超声波流量计原理图如图5-11所示，为超声波在流动介质顺流和逆流中的传播情况，其中流体静止时的声速为 c、流体的速度为 u。超声波在顺流中的传播速度为 $c+u$，逆流中的传播速度为 $c-u$。超声波在顺流和逆流中的传播速度差与介质的流动速度 u 有关，测出这一传播速度差就可以求得流速，进而可换算为流量。

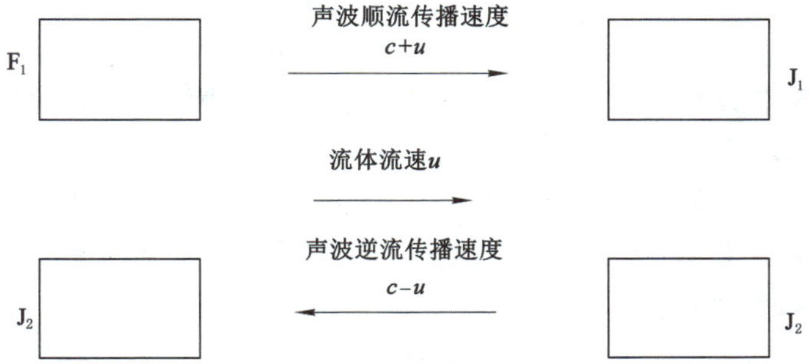

图 5-11　声波在顺流和逆流中的传播

同时，在流体中设置两个超声波发生器 F_1 和 F_2，及两个接收器 J_1 和 J_2。假设发生器与接收器的间距为 l，声波从 F_1 到 J_1 和从 F_2 到 J_2 的时间分别为 T_1 和 T_2，可表示为：

$$T_1=\frac{l}{c+u} \tag{5-19}$$

$$T_2=\frac{l}{c-u} \tag{5-20}$$

一般情况下，$c\gg u$，亦即 $c^2\gg u^2$，则：

$$\Delta t=T_2-T_1=\frac{2lu}{c^2} \tag{5-21}$$

若已知 l 和 c，只要测得 Δt，便可求得流速 u，再根据管径的大小便可求得流量，这种测量方法称为时差法。测量超声波传播速度差的方法很多，除了上述的时间差法，常用的还有相位差法和频率差法，因此也就形成了所谓的时间差法超声波流量计、相位差法超声波流量计和频率差法超声波流量计。

相比于时间差法超声波流量计，相位差法超声波流量计更容易达到较高的检测灵敏度。相位差法指的是测量相位差 $\Delta\varphi$，而非 Δt，当超声波发生器发出的是角频率为 ω 的连续正弦波时，$\Delta\varphi$ 与 Δt 关系为：

$$\Delta\varphi=\omega\Delta t \tag{5-22}$$

则相位差流速 u 的关系为：

$$\Delta\varphi = \frac{2l\omega}{c^2}u \tag{5-23}$$

上述方法存在的问题是，必须已知声速 c，且声速与流体的温度有关。因此一般采用流体温度补偿装置，以提高测量精度。若采用频率差法就可以避免上述问题。顺流和逆流时的频率差为：

$$\Delta f = \frac{c+u}{l} - \frac{c-u}{l} = \frac{2u}{l} \tag{5-24}$$

此时流体流动方向和反方向上的频率差值与超声波的传播速度 c 无关，工业上常采用此法测量流速。

上述几种方法测得的流体流速 u 与作为计算管道流量的平均流速不同，管道截面平均流速和测量值之间的关系取决于截面上的流速分布。因此在实际测量时使用流速分布修正系数 K 进行修正，即：

$$q_V = \frac{\pi D^2}{4} \cdot \frac{\bar{u}}{K} \tag{5-25}$$

式中　K——流速分布修正系数，$K=u/\bar{u}$；

D——管道的内径，m；

$\bar{u}$——计算管道流量的平均流速，m/s。

超声波流量计属于大管径流量的测量仪表，可适应多种管径测量和多种流量范围测量。测量准确度几乎不受被测流体温度、压力、黏度、密度等参数的影响。它几乎适用于所有类型的液体，测量精确度高，但管道内壁的污垢会影响测量的精确度。此外，它不能用于测量固体粒子的体积含量大于 5％的液体和气泡的体积含量大于 1％的液体。超声波流量计的测量部件一般安装在管道的外表面，不与流体接触，因此不会干扰流场。

四、涡街流量计

涡街流量计是一种流体振动式流量计，是利用流体流过置于其中的非流线形阻体时产生的规则旋涡的变化规律制成的，即流体力学中的卡门涡街理论。在流体中设置非流线形阻流体，如圆柱或角柱形等，并保持该物体的轴向与流体流向垂直。在某一雷诺数(Re)范围内，在柱体的两侧会交替地产生旋涡，两侧的旋涡旋转方向相反，并会轮流从柱体上分离出来，这种旋涡称为卡门涡街。

前人对旋涡的稳定条件进行了研究，并得出了以下结论：只有当漩涡之间的纵向距离 h 和横向距离 l 满足 $h/l=0.281$ 时，涡街才是稳定的。根据实验可知，涡街稳定时旋涡产生的频率 f 与旋涡发生体处流体的平均流速 v_1 成正比，与柱体的宽度 d 成反比。其关系式如下：

$$f = Sr\frac{v_1}{d} \tag{5-26}$$

式中　d——柱体在流体流速方向上的宽度，m；

Sr——斯特劳哈尔数；

v_1——旋涡发生体处流体的平均流速，m/s。

管道的平均流速 v 与旋涡发生体处的平均流速 v_1 不同，两者之间的关系为：

$$vF = v_1 F_1 \tag{5-27}$$

式中的 F 和 F_1 分别为管道截面积和旋涡发生体处截面积，设两者之比为 $m=F_1/F$。对于管道截面直径 D，当 $d/D<0.3$ 时，m 满足：

$$m = 1 - 1.25\frac{d}{D} \tag{5-28}$$

结合式(5-26)与式(5-28)，得：

$$f = \frac{Sr}{d\left(1 - 1.25\dfrac{d}{D}\right)}v \tag{5-29}$$

此时，管道的平均流速 v 仅与斯特劳哈尔数、柱体在流体流速方向上的宽度、管道截面直径和旋涡产生的频率有关，其中柱体宽度和管道直径为已知量，则通过测量旋涡频率，并确定斯特劳哈尔数的值便可测出流体流速和瞬时流量。斯特劳哈尔数是可通过试验确定的无因次数，图 5-12 表示出了 Sr 与 Re 的关系。在一定的 Re 范围内，Sr 可视为常数。

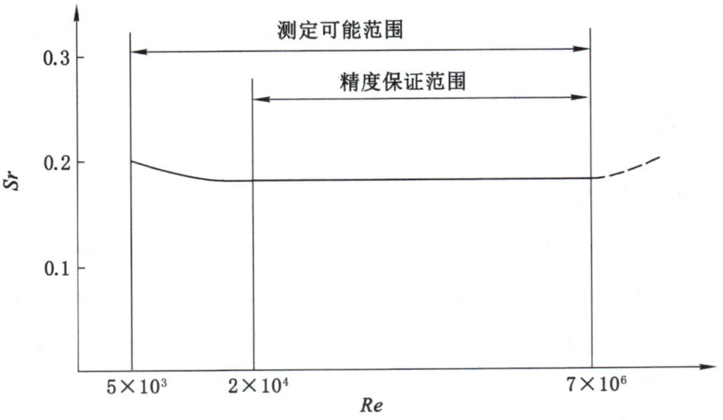

图 5-12　Sr 与 Re 的关系曲线

图中 Re 取 $5\times10^3 \sim 7\times10^6$ 的范围为测量的可能范围，可以看出，在一定的

Re 范围内，Sr 的值并不恒定。因此，涡街流量计有一定的测量精度保证范围，即图中线的平直部分。在此范围内，只要检测出频率 f 即可求得管内流体的流速，由流速可求出体积流量。根据体积流量的计算公式，有：

$$q_V = \frac{\pi D^2}{4Sr} d\left(1 - 1.25\frac{d}{D}\right)f \tag{5-30}$$

测量漩涡频率 f 的方式很多，常用的有热敏式、超声式和电容式等。

涡街流量计主要用于工业管道介质流体的流量测量，包括气体、液体、蒸汽等多种类型的介质。其特点是压力损失小，量程范围大，精度高，在测量工质的体积流量时几乎不受流体密度、压力、温度、黏度等参数的影响。无可动机械零件，维护简单，仪表参数能长期稳定，因此可靠性高，可在 $-20 \sim 250$ ℃的温度范围内工作。其缺点是不适于低雷诺数测量，并且需要被测量管道有较长的直管段。

选用涡街流量计时，要注意保证被测流量与流量计的量程相符合。流量计两侧管路应加装减振架，以减小管路振动噪声对测量的影响。

第五节　差压式流量计

差压式流量计是一种使用历史悠久、应用广泛的流量测量仪表，同时也是目前最成熟的流量测量仪表之一。它具有原理简明、设备简单、无可动部件、工作可靠、寿命长、应用技术成熟、容易掌握等特点。该型流量计通常与差压变送器配套使用，因此差压式流量计的测量误差与差压变送器的精度有直接关系。差压式流量计根据伯努利方程中流体压差与流速成一定关系的原理，通过测量差压大小来确定流量。常用的差压式流量计为使用节流装置的节流式流量计，如孔板、喷嘴和动压平均管等。

一、节流式流量计的原理

节流式流量计是一种实验数据较完整、应用成熟的流量测量装置，早在 20 世纪 20 年代，美国和欧洲就开始大规模地试验研究，1932 年喷嘴和孔板就已经标准化了。节流式流量计的核心部件为节流元件，当流体流经孔板、喷嘴等节流元件时，受限于急剧收缩的局部截面，将会产生速度增加和静压下降的节流现象。流体的流速越大，在相同流通截面下的流量越大，则其节流压降也越大。通过测量节流元件前后的静压差，就可以间接算出流量。这就是节流式流量计的原理。

节流式流量计是由上述的将被测流体的流量转换成压差信号的节流装置，

以及压力信号传输管道和用来测量差压的差压计(如压力变送器)组成。流体通过节流元件所产生的差压信号经导压管传入差压计,差压计则将差压信号以不同形式传送给显示仪表,完成被测流体压差或流量的显示、记录和自动控制。工业上最常用的节流装置是已经标准化了的标准节流装置,采用标准节流装置时,都有统一的规定和要求,以及计算所需的通用化的实验数据资料。标准节流装置可以根据计算结果直接制造和使用,不必用实验方法进行检定。

流体经过各种节流装置时,其压力分布和速度分布是类似的。图 5-13 所示是流体流经管道内的孔板时的压力分布,在Ⅰ-Ⅰ截面以后,管道表面上各点的静压力是不同的,图中实线表示管壁处的压力,虚线表示来流中心的压力。在流体收缩最严重的截面Ⅱ-Ⅱ处,压力降至最低,流速达到最大,在Ⅱ-Ⅱ截面以后,流体逐渐充满管道,压力又逐渐恢复。但由于阻力损失,压力不可能恢复到孔板前的压力值。这种测量流量的方法是以能量守恒定律和流体的连续性方程为基础的。

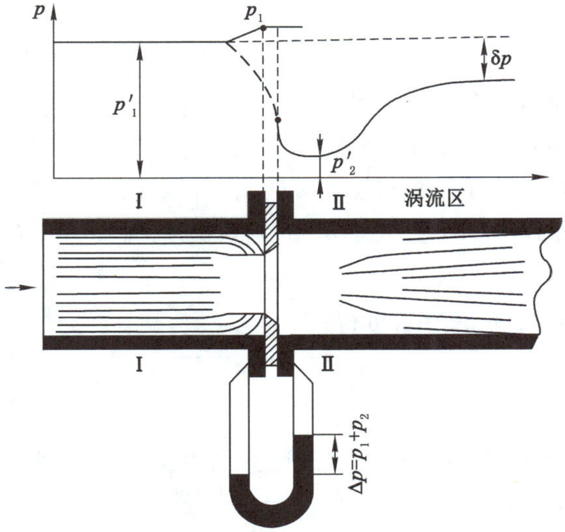

图 5-13　流体流经节流孔板时的流动状况

对于水平安装的管道和理想流体,Ⅰ-Ⅰ和Ⅱ-Ⅱ截面间的伯努利方程为:

$$\frac{p'_1}{\rho_1}+\frac{v_1^2}{2}=\frac{p'_2}{\rho_2}+\frac{v_2^2}{2} \tag{5-31}$$

式中　p'_1——截面Ⅰ-Ⅰ处的绝对压力,Pa;

p'_2——截面Ⅱ-Ⅱ处的绝对压力,Pa;

v_1——截面Ⅰ-Ⅰ处的平均流速,m/s;

v_2——截面Ⅱ-Ⅱ处的平均流速,m/s;

ρ_1——截面Ⅰ-Ⅰ处的流体密度,kg/m^3;

ρ_2——截面Ⅱ-Ⅱ处的流体密度,kg/m^3。

如果忽略可压缩性,即截面Ⅰ-Ⅰ和Ⅱ-Ⅱ的流体密度均为常数 ρ,则式(5-31)可写成:

$$\frac{p'_1 - p'_2}{\rho} = \frac{v_2^2 - v_1^2}{2} \tag{5-32}$$

根据连续性方程,有:

$$S_1 v_1 = S_2 v_2 \tag{5-33}$$

式中 S_1——管道的横截面积,m^2;

S_2——截面Ⅱ-Ⅱ上流束收缩到最小处的截面面积,m^2。

同时,令:

$$S_2 = \mu S_0 \tag{5-34}$$

$$S_0 = m S_1 \tag{5-35}$$

式中 S_0——节流元件的开孔面积,m^2;

μ——流束收缩系数,$\mu = S_2/S_1$;

m——节流元件开孔面积与管道横截面积之比,$m = S_0/S_1$。

将式(5-34)和式(5-35)代入式(5-33),有:

$$v_1 = \mu m v_2 \tag{5-36}$$

再将上式代入式(5-32)中,可得:

$$v_2 = \frac{1}{\sqrt{1-\mu^2 m^2}} \sqrt{\frac{2}{\rho}(p'_1 - p'_2)} \tag{5-37}$$

由于截面Ⅰ-Ⅰ和Ⅱ-Ⅱ的位置随流速变化而变化,实际测量中,取压位置是在孔板前后,用孔板前后压力 p_1 和 p_2 分别代替Ⅰ-Ⅰ截面压力 p'_1 及Ⅱ-Ⅱ截面压力 p'_2 将引起误差,可用修正系数 φ 进行修正:

$$\varphi = \frac{p'_1 - p'_2}{p_1 - p_2} \tag{5-38}$$

考虑流体流经节流元件的阻力损失,可引入阻力系数 ξ,最后用流量系数 α^* 表示这些系数的综合影响,即:

$$\alpha^* = \frac{\mu\sqrt{\varphi}}{\sqrt{1-\mu^2 m^2 + \xi}} \tag{5-39}$$

由此可得流体的体积流量:

$$q_V = S_2 v_2 = \alpha^* S_0 \sqrt{\frac{2(p_1 - p_2)}{\rho}} \tag{5-40}$$

当考虑流体的可压缩性时，在流量公式中引入流体膨胀系数 ε 进行修正，这时体积流量为：

$$q_V = \alpha^* \varepsilon S_0 \sqrt{\frac{2(p_1 - p_2)}{\rho}} \tag{5-41}$$

用标准节流元件测流量时，系数 α^*、ε 都与系数 β 有关，且有：

$$\beta^2 = (\frac{d}{D})^2 = m \tag{5-42}$$

式中，d 是节流元件开孔直径；d 是管道直径。

为了用压差 $p_1 - p_2$ 表示流量 q_V，α^*、ε 的值必须已知。为此，国内外都定有标准，明确地规定了各种标准节流元件的结构和尺寸要求，并以图线或表格的形式给出了 α^* 及 ε 的值。这样，就可以根据节流元件前后的压差确定被测流量。

二、标准孔板流量计

标准节流装置由节流元件、取压设备和节流元件前后的直管段组成，只要其结构、加工和使用条件符合国家标准规定，流量就可由压差通过计算确定，而不用另行标定。常使用的标准节流装置有标准孔板和标准喷嘴。

标准孔板流量计方便可靠、制造简单，是工业上广泛应用的一种流量计。国际上和我国国内都制定了相应的标准规定，其应用技术已非常成熟。标准孔板的结构如图 5-14 所示。

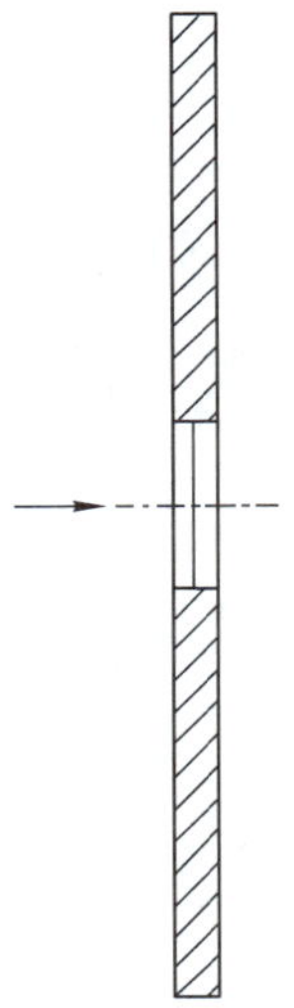

图 5-14　标准孔板结构图

标准孔板只适用于测量圆形管道中单相均质流体的流量。要求流体充满管道，在节流件前后一定距离内不发生相变或析出杂质，流速小于音速，流动属于非脉动流，流体在流过节流件前的流束与管道轴线平行，不得有旋涡。标准孔板的取压方式有角接取压法和法兰取压法两种，其中角接取压法又分为环室取压法和单独钻孔取压法，其适用范围如表 5-1 所示。

表 5-1 标准孔板节流装置的适用范围

节流件形式	取压方式	适用管道内径/mm	直径比	雷诺数 *Re*
标准孔板	角接取压	50～1 000	0.22～0.80	$5\times10^3\sim10^7$
	法兰取压	50～760	0.20～0.75	$8\times10^3\sim10^7$

三、动压平均管流量计

动压平均管是利用流体流动节流原理制成的一种流量测量仪表。它是基于毕托管原理发展起来的一种流量计，是 20 世纪 60 年代后期开发的一种新型差压流量测量元件。它由总压平均管和静压管组成(图 5-15)。总压平均管是一根沿管道直径插入管道内的中空的细金属管，在对着来流方向的管壁上开一些圆孔，以测量总压。各孔测得的总压由于开孔位置不同而不同，在管内平均后得到平均压力 p_1 并导出；在插入管的中间背着来流方向的管壁上开一圆孔以测静压 p_2，其流量测量公式为：

$$\bar{v}=\alpha\sqrt{\frac{2(p_1-p_2)}{\rho}} \tag{5-43}$$

式中 $\bar{v}$——管道平均流速，m/s；

α——流量系数。

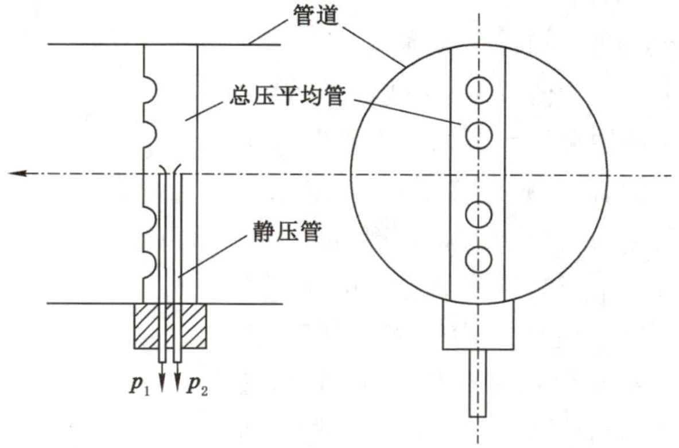

图 5-15 动压平均管

则流量为：

$$q_V=\alpha F\sqrt{\frac{2(p_1-p_2)}{\rho}} \tag{5-44}$$

式中　F——管道横截面积，m^2。

动压平均管的总压取压孔的位置及数目，与紊流流动在圆管截面上的流速分布有关，流速分布不同，开孔位置也不同。流量系数 α 与被测介质、流动状态以及动压平均管的结构等因素有关，其值一般通过实验确定。

动压平均管结构简单，安装拆卸方便(不需要切断管道)，压损小，制造成本及运行费用低，稳定性好，测量准确度为±(1%～2.5%)。除不适用于污秽、有沉淀物的流体外，可用于气体、液体及蒸汽等多种流体的流量测量。管径越大，优越性越突出。动压平均管对于垂直管道，可安装在管道水平面沿圆周 360°上的任何位置，上游侧应有(7～9)D(变送器公称直径)的直管段，下游侧应有(3～4)D 的直管段。测量液体时，对于水平管道，应向下侧倾斜安装。测量气体时，应向上侧倾斜安装。测量蒸汽时，对于垂直管道，应安装在沿管道周围的水平面上；对于水平管道，动压平均管应水平安装。动压平均管应沿管道直径方向插入到底，总压孔必须正对流向。

第二部分　专业基础实验

第六章　工程热力学基础实验

实验一　空气定压比热测定实验

一、实验目的

(1) 了解气体比热容测定装置的基本原理和构思(本实验以空气为例)。

(2) 熟悉本实验中的测温、测压、测热、测流量的方法。

二、实验原理

可将本实验装置的本体部分简化为一开口稳定流动系统，本体部分保温非常好，近似无散热损失，且系统对外并无功的输出，当系统达到平衡时，工质的焓变等于电热器的放热量，即：

$$q_m c_p (t_2 - t_1) = Q \tag{6-1}$$

$$c_p = \frac{Q}{q_m (t_2 - t_1)} \tag{6-2}$$

式中　q_m——空气的质量流量，kg/s；

c_p——空气的定压比热容，kJ/(kg・℃)；

t_2——空气在本体部分的出口温度，℃；

t_1——空气在本体部分的入口温度，℃；

Q——电加热器的放热量，kW。

如果要测定干空气的比热容，需额外测定湿空气的参数。将水蒸气的吸热量从总量中除去，则利用上式可计算干空气的比热容。

实验过程中要求测定三个不同温度下的定压比热容值。

三、实验设备

(1) 整个装置由风机、流量计、比热容仪本体、电功率调节及测量系统共四部分组成，如图 6-1 所示。

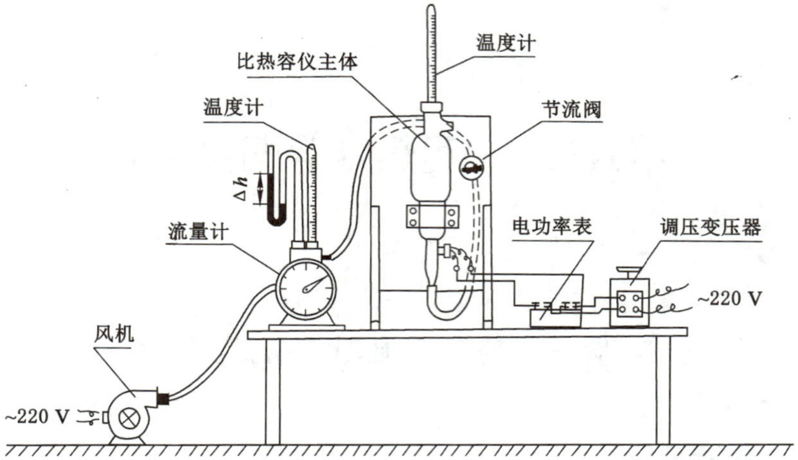

图 6-1　空气定压比热容测定装置图

（2）比热容仪本体如图 6-2 所示。

（3）空气（也可以是其他气体）由风机经流量计送入比热容仪本体，经加热、均流、旋流、测温后流出。气体流量由节流阀控制；气体出口温度由输入电热器的电压调节。

（4）该比热容仪可测 300 ℃以下气体的定压比热容。

四、测量与计算

（1）接通电源及测量仪表，选择所需的出口温度计插入混流网的凹槽中。

（2）摘下流量计上的温度计，开动风机调节节流阀，使流量保持在额定值附近。测出流量计出口空气的干球温度（t_0）和湿球温度（t_w）。

（3）将温度计插回流量计，调节流量，使它保持在额定值附近。逐渐提高电压，使出口温度升高至预计温度（可以根据下式预先估计所需电功率：$P \approx 12 \dfrac{\Delta t}{\tau}$，式中 P 为电功率，W；Δt 为进出口温差，℃；τ 为每流过 10 L 空气所需的时间，s）。

（4）待出口温度稳定后（出口温度在 3 min 之内无变化或有微小起伏，即可视为稳定），读出下列数据，每 10 L 气体通过流量计所需的时间 τ(s)；比热容仪进口温度 t_1(℃)和出口温度 t_2(℃)；当时大气压 B(mmHg)和流量计出口处的表压 Δh(mmH_2O)；电加热器的电压 V(V)和电流 I(A)。

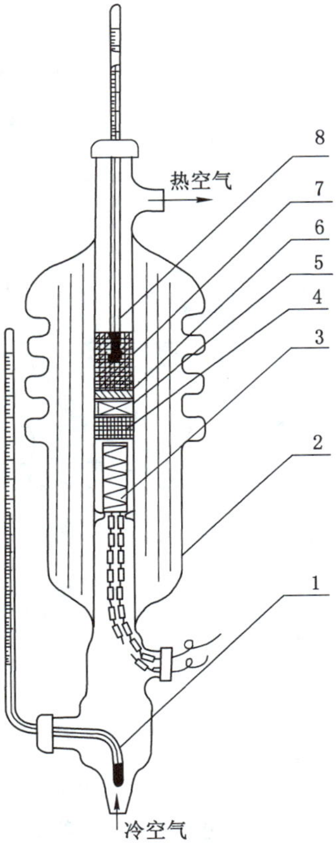

1—进口温度计；2—多层杜瓦瓶；3—电热器；4—均流网；
5—绝缘体；6—旋流片；7—混流网；8—出口温度计。

图 6-2　比热容仪本体图

(5) 根据流量计出口空气的干球温度和湿球温度，从湿空气的焓湿图查处焓湿量 d(g/kg 干空气)，并根据下式计算出水蒸气的容积成分：

$$r_w = \frac{d/622}{1+d/622} \tag{6-3}$$

(6) 电热器消耗的功率可由功率表读出，但要考虑表的内耗。R_{mA} 为毫安表内阻(Ω)，则单位时间电热器的放热量为：

$$Q = \frac{1}{10^6}(VI - 0.001R_{mA}I^2) \tag{6-4}$$

(7) 干空气流量为：

$$q_{m_g}=\frac{p_g q_V}{R_g T_0}=\frac{(1-r_w)\left(B+\frac{\Delta h}{13.6}\right)\times\frac{10^4}{735.56}\times\frac{10}{1\ 000\tau}}{29.27(t_0+273.15)}$$

$$=\frac{4.644\ 7\times10^{-3}(1-r_w)\left(B+\frac{\Delta h}{13.6}\right)}{\tau(t_0+273.15)} \tag{6-5}$$

(8) 水蒸气流量为：

$$q_{m_w}=\frac{p_w q_V}{R_w T_w}=\frac{r_w\left(B+\frac{\Delta h}{13.6}\right)\times\frac{10^4}{735.56}\times\frac{10}{1\ 000\tau}}{47.06(t_0+273.15)}$$

$$=\frac{2.888\ 9\times10^{-3}r_w\left(B+\frac{\Delta h}{13.6}\right)}{\tau(t_0+273.15)} \tag{6-6}$$

(9) 水蒸气吸收的热量为：

$$Q_w=q_{m_w}\int_1^2(1.833+0.000\ 62t)\mathrm{d}t$$

$$=q_{m_w}[1.833(t_2-t_1)+0.000\ 311\ 1(t_2^2-t_1^2)] \tag{6-7}$$

(10) 干空气的定压比热容为：

$$c_{pm}\Big|_{t_1}^{t_2}=\frac{Q_g}{q_{m_g}(t_2-t_1)}=\frac{Q_{p_1}-Q_w}{q_{m_g}(t_2-t_1)} \tag{6-8}$$

式中，Q_{p_1} 是湿空气气流的吸热量(近似为电热器的放热量)，kJ/s。

(11) 计算举例

某一稳定工况的实测参数如下：

$$t_0=8\ ℃;t_w=7.58\ ℃;B=748.0\ \text{mmHg};$$

$$t_1=8\ ℃;t_2=240.3\ ℃;\tau=69.96\ \text{s/10 L};$$

$$\Delta h=16\ \text{mmH}_2\text{O};V=174.4\ \text{V};I=240.0\ \text{mA};\ R_{mA}=0.24\ \Omega$$

查焓湿图得：

$$d=6.3\ \text{g/kg 干空气}\quad(\phi=94\%)$$

水蒸气的容积成分：

$$r_w=\frac{d/622}{1+d/622}=0.010\ 027$$

单位时间电热器放热量：

$$Q=\frac{1}{10}\times(174.4\times240-0.001\times0.24\times240^2)=41.84\times10^{-3}(\text{kW})$$

干空气流量：

$$q_{m_g}=\frac{4.6447\times10^{-3}(1-0.010027)(748+16/13.6)}{69.96\times(8+273.15)}=175.14\times10^{-6}\quad(\mathrm{kg/s})$$

水蒸气流量：

$$q_{m_w}=\frac{2.8889\times10^{-3}\times0.010027\times(748+16/13.6)}{69.96\times(8+273.15)}=1.1033\times10^{-6}\quad(\mathrm{kg/s})$$

水蒸气吸收的热量：

$$Q_w=1.1033\times10^{-6}\times[1.833\times(240.3-8)+0.000311\times(240.3^2-8^2)]$$
$$=0.4895\times10^{-3}\quad(\mathrm{kW})$$

干空气的定压比热容：

$$c_{pm}\Big|_{t_1}^{t_2}=\frac{41.84-0.4895}{175.14\times10^{-6}\times(240.3-8)}\times10^{-3}=1.0163\quad[\mathrm{kJ/(kg\cdot{}^\circ C)}]$$

(12) 比热容随温度的变化关系

假定在 0～300 ℃之间，空气的真空定压比热容与温度之间近似呈线性关系：

$$c_p=a+bt \tag{6-9}$$

则由 t_1 到 t_2 的平均比热容为：

$$c_{pm}\Big|_{t_1}^{t_2}=\frac{\int_1^2(a+bt)\mathrm{d}t}{t_2-t_1}=a+\frac{b(t_1+t_2)}{2} \tag{6-10}$$

因此，若以 $\frac{t_1+t_2}{2}$ 为横坐标、$c_{pm}\Big|_{t_1}^{t_2}$ 为纵坐标（图 6-3），则可根据不同温度范围内的平均比热容确定截距 a 和斜率 b，从而得出比热容随温度变化的计算式。

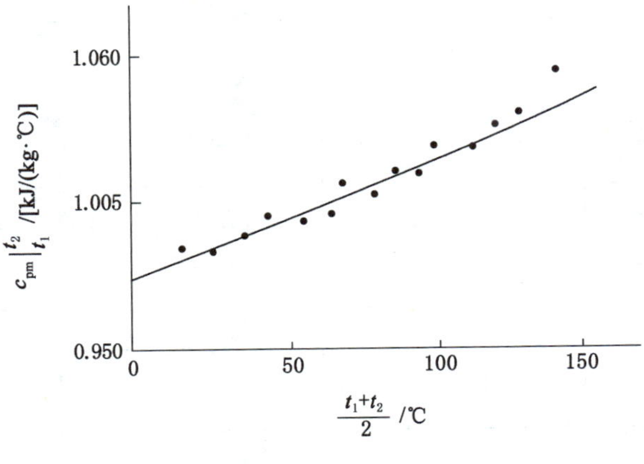

图 6-3　空气定压比热与温度的关系

五、注意事项

(1) 切勿在无空气流通过的情况下使电热器投入工作，以免引起局部过热而损坏比热容仪本体。

(2) 输入电热器的电压不得超过 220 V，气体出口最高温度不得超过 300 ℃。

(3) 加热和冷却要缓慢进行，防止温度计和比热容仪本体的温度骤升骤降而断裂。

(4) 停止试验时，应先切断电热器，让风机继续运行 15 min 左右(温度较低时可适当缩短)。

六、实验原始记录

实验原始记录表如表 6-1 所示。

表 6-1 实验原始记录表

项目	入口干球温度	入口湿球温度	出口温度	电功率	流量系数	大气压力	修正压
符号	t_1	t_w	t_2	P	τ	B	Δh
单位	℃	℃	℃	W	s/10 L	Pa	mmH_2O
1							
2							
3							
4							
5							
6							
7							
8							
9							
10							
11							
12							
13							
14							
15							
16							
17							

实验二　CO_2 临界状态观测及 p-v-T 测定实验

一、实验目的

(1) 了解二氧化碳临界状态的观测方法，增加对临界状态的感性认识。

(2) 加深对热力状态、凝结、气化、饱和状态等基本概念的理解。

(3) 观察超临界压力下加热和冷却时气液两相连续过渡现象。

(4) 掌握二氧化碳的 p-v-T 关系的测定方法，学会用实验测定实际气体状态变化规律的方法和技巧。

(5) 学会活塞式压力计、恒温器等部分热工仪器的正确使用方法。

二、实验内容

(1) 测定 CO_2 的 p-v-t 关系。在 p-v 坐标图中绘出低于临界温度($t=20$ ℃)、临界温度($t=31.1$ ℃)和高于临界温度($t=50$ ℃)的三条等温曲线，并与标准实验曲线及理论计算值相比较，分析差异原因。

(2) 观测临界状态

① 临界状态时近汽液两相模糊的现象。

② 汽液整体相变现象。

③ 测定 CO_2 的 t_c、p_c、v_c 等临界参数，并将实验所得的 v_c 值与理想气体状态方程和范德瓦耳斯方程的理论值相比较，简述其差异原因(CO_2 标准曲线见图 1)。

三、实验原理

简单可压缩系统处于平衡态时，状态参数压力、温度和比容之间有确定关系，可表示为：

$$F(p,v,T)=0 \text{ 或 } v=f(p,T) \tag{6-11}$$

维持温度不变，测定比容与压力的对应数值，就可得到等温线的数据。在不同温度下对二氧化碳气体进行压缩，将此过程画在 p-v 图上，可得到如图 6-4 所示的二氧化碳 p-v-T 关系曲线。

当温度低于临界温度 t_c 时，该二氧化碳实际气体的等温线有气液相变的直线段。随着温度的升高，相变过程的直线段逐渐缩短。当温度增加到临界温度时，饱和液体和饱和气体之间的界限已完全消失，呈现出模糊状态，称为临界状态。二氧化碳的临界压力 $p_c=7.38$ MPa，临界温度 $t_c=31.1$ ℃。在 p-v 图上，临界温度等温线在临界点上既是驻点，又是拐点。临界温度以上的等温线也具有拐点，直到 48.1 ℃才成为均匀的曲线。

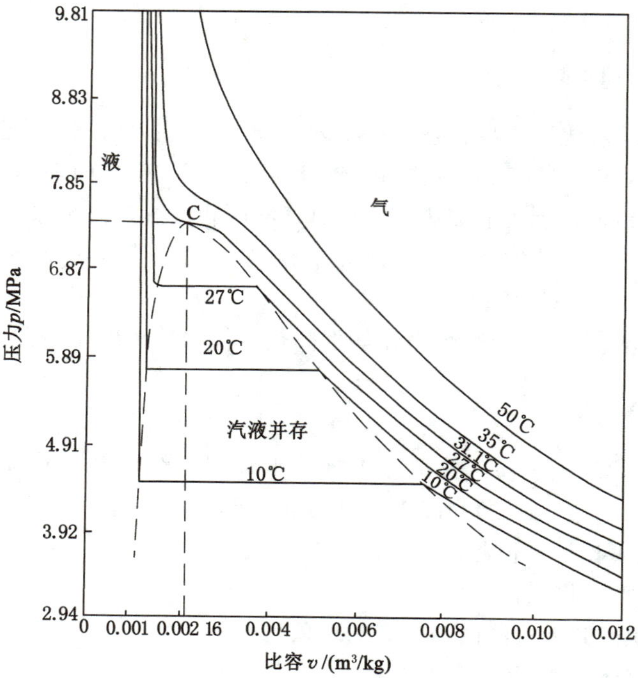

图 6-4　二氧化碳 p-v-T 关系标准曲线

四、实验装置

（1）整个实验装置由压力台、恒温器和实验台本体及其防护罩三大部分组成，如图 6-5 所示。气体的压力由活塞式压力计的手轮来调节。压缩气体时，缓缓转动手轮以提高油压。气体的温度由恒温器给水套供水而维持一定值，并由水套内的温度计读出。

（2）实验台本体由一根预先刻度并封有二氧化碳气体的玻璃毛细管和水银室组成，如图 6-6 所示。

（3）实验中由压力台送来的压力油进入高压容器和玻璃杯上半部，迫使水银进入预先装了 CO_2 气体的承压玻璃管。CO_2 被压缩，其压力和容积通过压力台上的活塞的进退来调节，温度由恒温器供给的水套里的水温来调节。

（4）实验工质二氧化碳的压力由压力台上的压力表读出（如要提高精度可由加在活塞转盘上的平衡砝码读出，并考虑水银柱高度的修正）。温度由插在恒

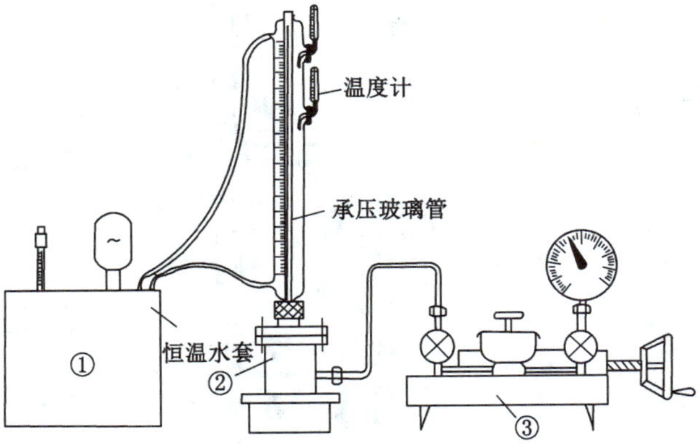

①—恒温器；②—实验台本体；③—压力台。

图 6-5　二氧化碳实验台系统图

温水套中的温度计读出。比容首先由承压玻璃管内二氧化碳的高度来度量，而后再根据承压玻璃管内径均匀、截面积不变等条件换算得出。

四、实验步骤

(1) 测定承压玻璃管内 CO_2 质面比常数 k 值。

由于充进承压玻璃管内的 CO_2 质量不便测量，而玻璃管内径或截面积(A)又不易测准，因而实验中采用间接办法来确定 CO_2 的比容，认为 CO_2 的比容 v 与其高度是一种线性关系。具体如下：

① 已知 CO_2 液体在 20 ℃、9.8 MPa 时的比容：

$$v(20\ ℃、9.8\ \mathrm{MPa})=0.001\ 17\ (\mathrm{m^3/kg})$$

② 如前操作，实地测出本试验台 CO_2 在 20 ℃、9.8 MPa 时的 CO_2 液柱高度 Δh^*(m)(注意玻璃水套上刻度的标记方法)。

③ 由①可知：

$$v(20\ ℃、9.8\ \mathrm{MPa})=\Delta h^* A/m=0.001\ 17\ (\mathrm{m^3/kg})$$

$$m/A=\Delta h^*/0.001\ 17=k$$

那么任意温度、压力下 CO_2 的比容为：

$$v=\Delta h/(m/A)=\Delta h/k$$

式中，$\Delta h=h-h_0$，h 为任意温度、压力下水银柱高度，h_0 为承压玻璃管内径顶端刻度。

(2) 测定低于临界温度 $t=20$ ℃(或其他温度值)的等温线。

① 使用电接点温度计调节恒温水浴温度 $t=20$ ℃，要保持恒温。

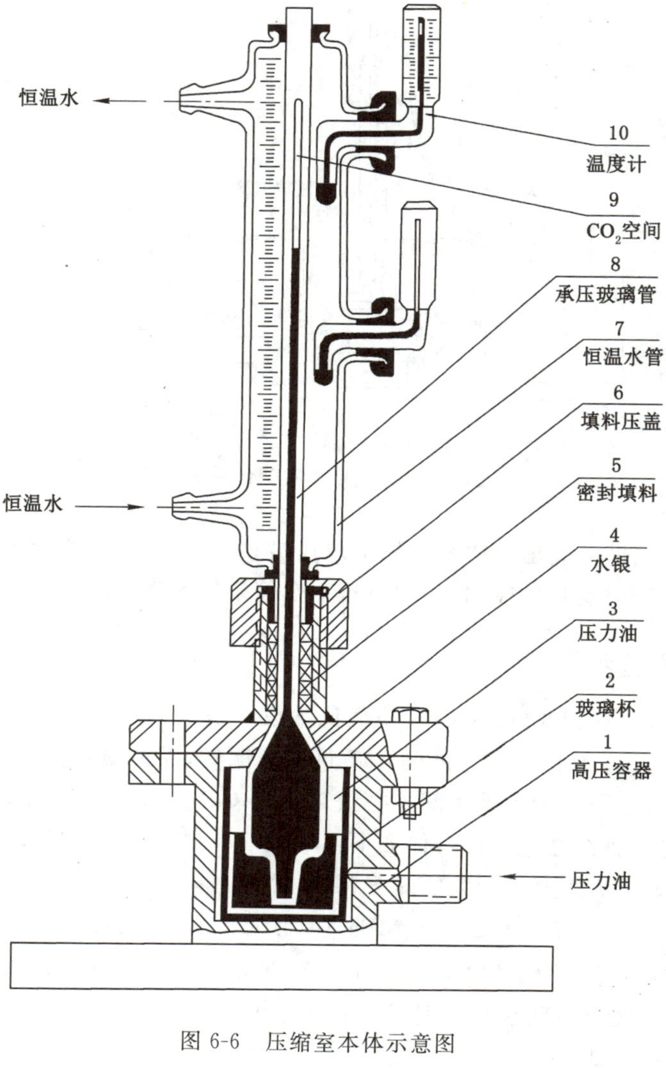

图 6-6　压缩室本体示意图

② 压力记录从 4 MPa 开始，当玻璃管内水银柱升起来后，应缓慢地摇进活塞螺杆，以保证定温条件，否则来不及平衡，读数不准。

③ 两相区内 2 mm 高度变化记录一次压力值。两相区外，两个压力变化记录一次高度值。

④ 注意加压后 CO_2 的变化，特别是注意饱和压力 p 与饱和温度的对应关系以及液化、汽化等现象，要将测得的实验数据及观察到的现象一并填入表 6-2。

表 6-2　实验原始记录表

实验时间：__________　实验人员：__________　记录人员：__________

$t=$　℃				$t=$　℃				$t=$　℃			
p /MPa	Δh /mm	$v_c=\frac{\Delta h}{k}$ /(m³/kg)	现象	p /MPa	Δh /mm	$v_c=\frac{\Delta h}{k}$ /(m³/kg)	现象	p /MPa	Δh /mm	$v_c=\frac{\Delta h}{k}$ /(m³/kg)	现象
4.0											
4.2											

注：$k=27.55\ kg/m^2$。

(3) 测定 $t=31.1$ ℃临界等温线,注意观察临界现象。

打开恒温水浴的加热器开关,将恒温水浴的电接点温度计调至 31.1 ℃,重复进行(2)步骤测出临界等温线,并在该曲线的拐点处找出临界压力 p_c 和临界比容 v_c,并将数据填入表 6-2。

实验中注意观察:

(a) 整体相变现象

临界点时,汽化潜热等于零,饱和汽线和饱和液线合于一点,所以这时汽液的相互转变不像临界温度以下时逐渐积累,需要一定的时间,表现为一个渐变的过程;当压力稍有变化时,汽、液以突变的形式相互转化。

(b) 汽、液两相模糊不清现象

处于临界点的 CO_2 气、液具有共同参数(p,v,t),因而不能区别此时 CO_2 是气态还是液态的。如果说它是气体,那么这个气体是接近液态的气体;如果说它是液体,那么这个液体又是接近气态的液体。下面就用实验证明这个结论。

因为这时处于临界温度下,如果按等温线过程进行来使 CO_2 压缩或膨胀,那么管内是什么也看不到的。现在我们按绝热过程来进行,首先在压力等于 7.8 MPa 附近突然降压,CO_2 状态点由等温线沿绝热线降到液区,管内 CO_2 出现了明显的液面。这就说明,如果这时管内的 CO_2 是气体的话,那么这种气体离液区很接近,可以说是接近液态的气体;当我们在膨胀之后,突然压缩 CO_2 时,这个液面又立即消失了。这就告诉我们这时 CO_2 液体离气区也是非常近的,可以说是接近气态的液体。此时的 CO_2 既接近气态又接近液态,所以只能处于临界点附近。可以这样说,临界状态饱和汽、液分不清。这就是临界点附近汽液模糊不清的现象。

(4) 测定高于临界温度 $t=50$ ℃时的等温线,将数据填入表 6-2。

五、绘制等混曲线与比较

(1) 按表 6-2 的数据仿图 6-4 在 p-v 图上画出三条等温线。

(2) 按实验测得的等温线与图 6-4 所示的标准等温线比较,分析它们之间的差异及原因。

(3) 将实验测定的临界比容 v_c 与理论计算值一并填入表 6-3 并分析它们之间的差异及原因。

表 6-3　临界比容 v_c　　单位:m^3/kg

标准值	实验值	$v_c=\frac{RT_c}{p_c}$	$v_c=\frac{3RT_c}{8p_c}$
0.002 16			

六、实验报告要求

(1) 简述实验原理及过程。

(2) 各种数据的原始记录。

(3) 计算及在 p-v 图上画出等温线。

(4) 分析比较等温线的实验值和标准值之间的差异及原因。

(5) 分析比较临界比容的实验值与标准值之间的差异及原因。

(6) 简述实验收获及实验改进意见。

七、注意事项

(1) 恒温水流量应足够大,使水套进、出口的水温尽可能接近或相同。

(2) 改变恒温水温度后应稳定足够长的时间,当玻璃水套上的温度计读数与恒温水浴内已标定的两只温度计读数相同时,二氧化碳处于标定温度,然后再开始测量数据。

(3) 实验过程中,改变不同的实验压力,通过活塞压力计即可实现;改变不同的实验温度,用恒温水浴及其电接点温度计来实现,其中电接点温度计仅用于调节温度。

(4) 转动活塞式压力计的手轮增大油压时,应使毛细管中的水银面缓缓上升,保持缓慢压缩毛细管内的二氧化碳气体。

(5) 每次加压后要有足够的时间让二氧化碳平衡,然后再开始测量数据。实验中读取 h 时,水银柱液面高度的读数要注意,应使视线与水银柱半圆形液面的中间一致。

(6) 严格遵守活塞式压力计的操作规程,特别是降低压力时,不应使毛细管内的二氧化碳突然膨胀,以致穿入油室。

(7) 做各条定温线时,实验压力 $p<10$ MPa,实验温度 $t\leqslant 50$ ℃。

八、分析讨论

实验中为什么要保持加压(或降压)过程缓慢进行?

实验三　空气在喷管中流动性能的测定

一、实验目的和任务

(1) 实验目的

① 巩固和验证有关喷管基本理论，熟悉不同形式喷管的机理。

② 掌握气流在喷管中流速、流量、压力变化的规律及有关测试方法。

③ 加深对临界状态基本概念的理解。

(2) 实验任务

分别对渐缩喷管和缩放喷管进行下列测定：

① 测定不同工况（初压 p_1 不变，改变背压 p_b）时喷管中的流量 m 的变化；绘制 m-p_b/p_1 曲线；比较最大流量 m_{max} 的理论计算值和实验值；确定临界压力 p_c。

② 测定不同工况时（$p_b>p_{cr}$，$p_b=p_{cr}$ 和 $p_b<p_{cr}$）气流沿喷管各截面（轴线位置 x）的压力 p_x 的变化；绘制出一组 p_x/p_1-x 曲线；分别比较临界压力 p_c 的计算值与实验值；观察和记录 p_c 出现在喷管中的位置。

二、实验原理

(1) 管中气体流动的基本规律

根据气体在喷管中作一元稳定定熵流动的特点，我们得到气体在变界面管道中，气流速度 w、密度 ρ、压力 p 的变化与界面 A 的变化及马赫数 Ma（速度 w 与当地音速 a 之比）的大小有关。它们的变化规律如表 6-4 所示。

表 6-4　气流参数的变化规律

Ma	渐缩管 $\frac{dA}{dx}<0$ 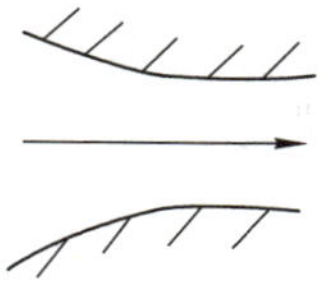		Ma	渐扩管 $\frac{dA}{dx}>0$ 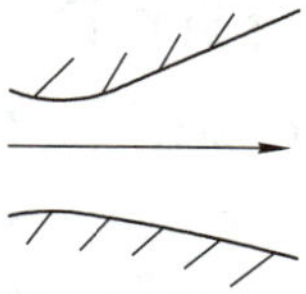	
	$\frac{dw}{dx}$	$\frac{dp}{dx}$		$\frac{dw}{dx}$	$\frac{dp}{dx}$
<1	>0	<0	<1	<0	>0
>1	<0	>0	>1	>0	<0

由此可以得到下面的一些结论：

① 在亚音速（$Ma<1$）等熵流动中，气体在 $dA/dx<0$ 的管道（渐缩管）里，速度 w 增加，而密度 ρ、压力 p 降低；在 $dA/dx>0$ 的管道（渐扩管）中，速度减少，而密度和压力增大。

② 在超音速（$Ma>1$）等熵流动中，情况正好与亚音速流动的特点相反。气体在渐缩管中速度减小，而压力、密度增大；在渐扩管中速度增加，密度、压力降低。

③ 要想获得超音速流动，就必须使亚音速气流先在渐缩管中加速。当气流被加速到 $Ma=1$，即达到临界状态时，就要改用渐扩管，以使气流继续加速到超音速，如图 6-7 所示。

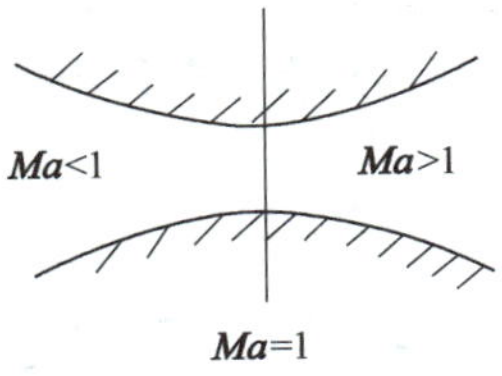

图 6-7　缩放喷管

（2）喷管中流量 m 的计算

根据气体一元稳定等熵流动连续方程、动量方程、能量方程及绝热气体状态方程、等熵过程方程，得到气流在喷管中流量 m 的表达式：

$$m=\frac{f_2w_2}{v_2}=f_2\sqrt{\frac{2k}{k-1}\cdot\frac{p_0}{v_0}\left[\left(\frac{p_2}{p_0}\right)^{2/k}-\left(\frac{p_2}{p_0}\right)^{k+1/k}\right]} \tag{6-12}$$

式中　k——比热比（绝热指数，$k=c_p/c_v$）；

f_2——出口截面积，m^2；

w_2——出口流速，m/s；

p_0——出口滞止压力，Pa；

p_2——出口压力，Pa；

v_2——出口比容，m^3/kg；

v_0——滞止比容，m^3/kg。

由式(6-12)可以看出，当 $p_2=p_0$ 时，$m=0$；当 $p_2=0$ 时，$m=0$；因此，在 $0<p_2<p_0$ 时，流量 m 将存在一最大值 m_{max}。

令 $\frac{dm}{dp_2}=0$，得到：

$$p_2 = p_0\left(\frac{2}{k+1}\right)^{k/k-1} \tag{6-13}$$

很显然，满足式(6-13)的 p_2 即为临界值 p_c，对应于该截面上的气流速度 w_2 将达到音速 a。

将 $k=1.4$ 带入式(6-13)，得：

$$p_2 = p_c = 0.528p_0 \tag{6-14}$$

将式(6-13)代入式(6-12)，得 m_{max} 的表达式为：

$$m_{max} = f_2\sqrt{\frac{2k}{k+1}\left(\frac{2}{k+1}\right)^{2/k-1}\frac{p_0}{v_0}} \tag{6-15}$$

喷管中的流量 m 一旦到达最大值，再降低背压 p_b，流量 m 保持不变，流量 m 随背压 p_b 的变化关系如图 6-8 所示。在每个背压 p_b 下，压力在流动方向(x 向)变化曲线如图 6-9 所示。

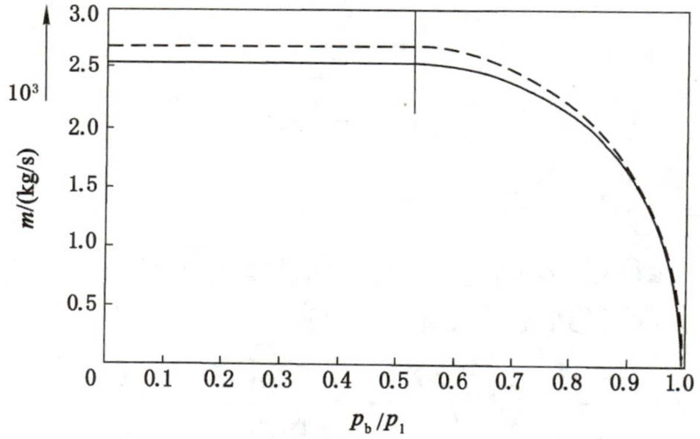

图 6-8　渐缩喷管流量曲线图(p_1=1 bar，t_a=20 ℃)

缩放喷管与渐缩喷管的不同点是，流量达到最大值时的最高背压 p_b 不再是 p_c，而是某一压力 p_f^*，如图 6-10 所示。在每个背压 p_b 下，缩放喷管内压力在流动方向(x 向)变化曲线如图 6-11 所示。

(3) 管中的实际流量

前面给出的是理想流动的流量 m 的表达式，实际上，由于气流与管壁的摩擦所产生的边界层，减少了流动截面积。因此，实际流量小于理论流量，两者之比为流量系数。本实验台采用锥形入口板流量计来测量喷管的实际流量，根据孔板流量计上所显示的压差 Δp(在 U 形管压差计上读出)，求得流量 m 与压差 Δp 的关系式为：

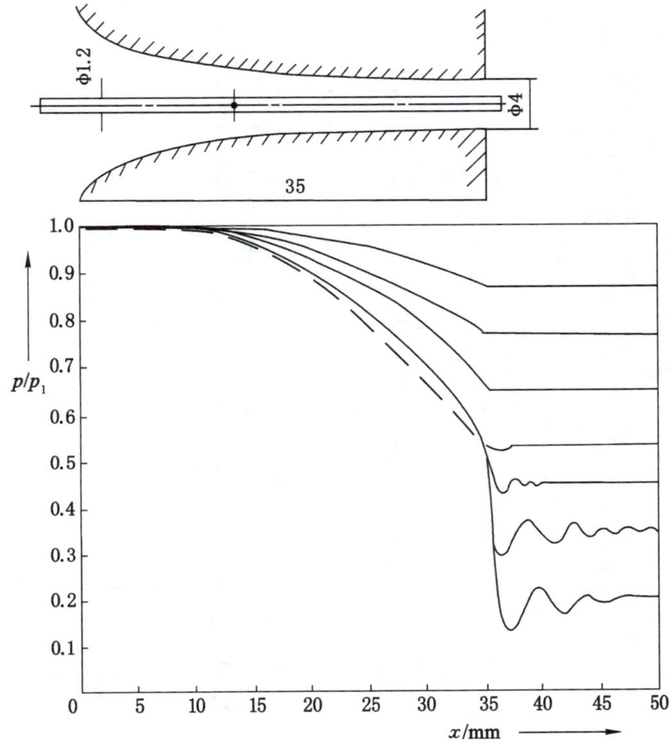

图 6-9　渐缩喷管压力曲线图

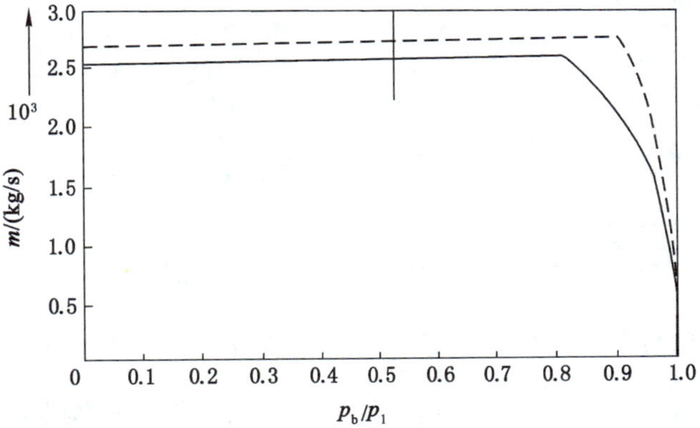

图 6-10　缩放喷管流量曲线图(p_1=1 bar,t_a=20 ℃)

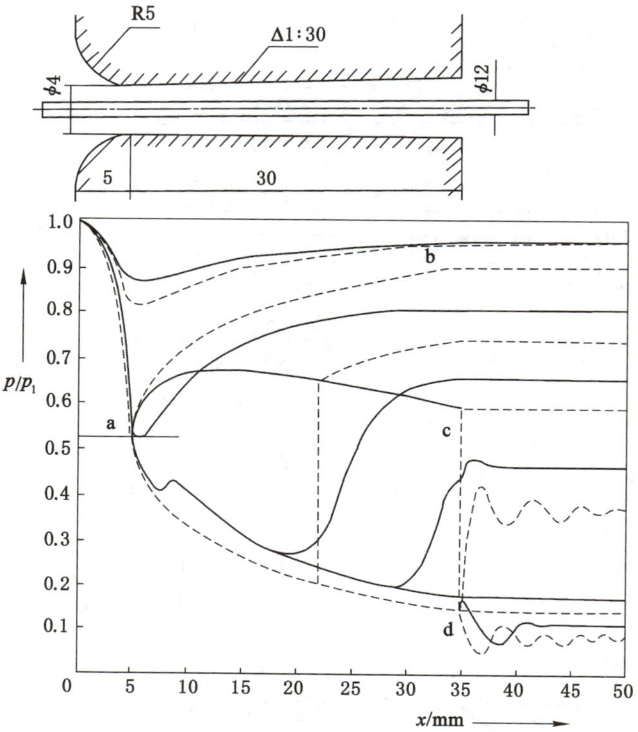

图 6-11　缩放喷管压力曲线图

$$\dot{m}=1.373\times10^{4}\sqrt{\Delta p\varepsilon\beta\gamma} \tag{6-16}$$

式中　ε—流速膨胀系数；

$\varepsilon=1-1.373\times10^{-4}\dfrac{\Delta p}{B}$，$\Delta p$ 为 U 形压差计读数，mmH_2O；

β——气态修正系数，$\beta=0.538\sqrt{\dfrac{B}{t_0+273.15}}$，$B$ 为大气压，Pa；t_0 为室温，℃。

γ——几何修正系数(标定值，本实验条件下取 $\gamma=1$)。

流量也可以用图 6-12 给出的 $\dfrac{\dot{m}}{\varepsilon\beta\gamma}$-$\Delta p$ 曲线查得。

在实际测试中，由于喷管前装有孔板流量计，将有压力损失。对于本实验台，损失等于压差计读数 Δp 的 97%。这样，进口压力为：

$$p_1=B-0.97\Delta p \tag{6-17}$$

为了消除进口压力 p_1 改变的影响，在绘制各种曲线时，采用压力比坐标：

压力曲线用 p/p_1-x；流量曲线用 $\dot{m}$-p_b/p_1。

由于实验台采用的是真空表测压，因此临界压力 p_c 在真空表上的读数 p'_c（真空度）为：

$$p'_c = B - p_c \tag{6-18}$$

将式(6-14)代入式(6-18)，得：

$$p'_c = B - 0.528p_1(一般\ p_1 = p_0) \tag{6-19}$$

最后将式(6-17)代入式(6-19)，得：

$$\begin{aligned} p'_c &= B - 0.528(B - 0.97\Delta p) \\ &= 0.472B + 0.51\Delta p \end{aligned} \tag{6-20}$$

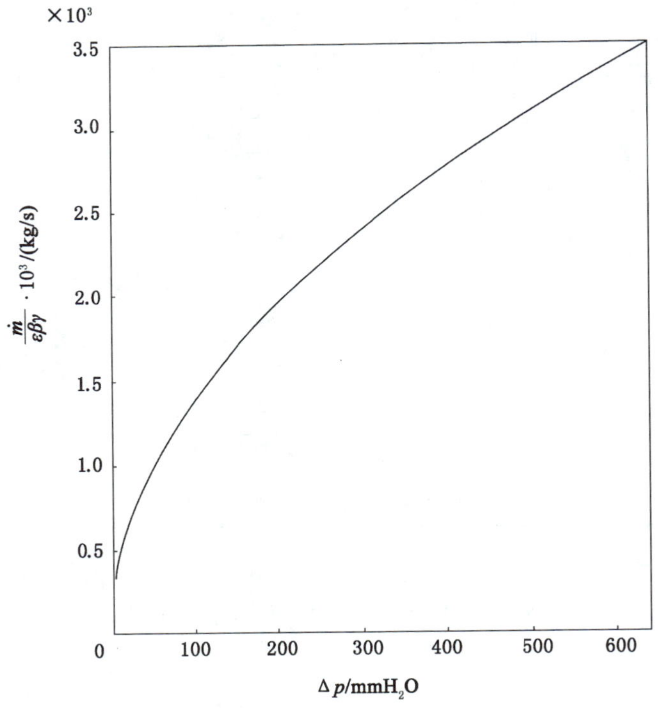

图 6-12　孔板流量计 $\frac{\dot{m}}{\varepsilon\beta\gamma}$-$\Delta p$ 曲线图

三、实验装置

实验装置主要由实验台本体和真空泵组成，实验台本体结构如图 6-13 所示。由于真空泵的抽吸，空气自吸气口 2 进入气管 1（ϕ57 mm×3.5 mm 的无缝钢管)中,经过孔板流量计 3 进入喷管。流量的大小可以从 U 形管压差计 4 读出。喷管 5 用有机玻璃制成,有渐缩和缩放两种形式,如图 6-14 所示。根据实验要求,可松开夹持法兰上的螺栓,向左推开进气管的三轮支架 6,更换所需的喷管。喷管各截面上的压力是由插入喷管内的测压探针 7(内径为 $\phi 0.8$ mm)连至可移动标准真空表 8 测得,它们的移动通过手轮螺杆机构 9 实现,从而改变测压孔的位置,进行喷管中不同截面上压力的测量。在喷管后的排气管上还有背压真空表 10、真空罐 12,起稳定背压的作用。罐内的真空度通过背压调节阀 11′来调节,为减少振动,真空罐与真空泵之间用软管 13 连接。

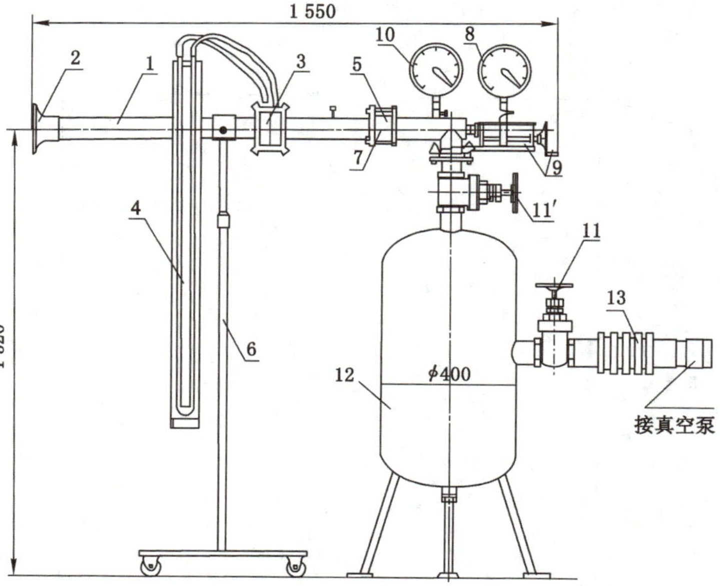

1—进气管;2—吸气口;3—孔板流量计;4—压差计;5—喷管;6—三轮支架;7—测压探针;
8、10—真空表;9—螺杆机构;11、11′—调节阀;12—真空罐;13—软管。

图 6-13 喷管实验台

测压孔位置,可以由位于可移动真空表 8 下方的指针,在坐标板上所指出的 x 值来确定。喷管的排气管上还装有背压 p_b 真空表 10。背压由调节阀 11′调节,真空泵 12 前的调节阀 11 用于急速调节。

直径为 400 mm 的真空罐 12 是用于稳定背压 p_b 的作用。为了减少震动,泵与罐之间用软管 13 连接。

在实验中需测量 4 个变量:

① 测压孔的水平位置 x(用位移指针的位置 x 测得)。

② 气流沿喷管轴线 x 截面上的压力 p_x(可移动真空表 8 上的读数 p 测

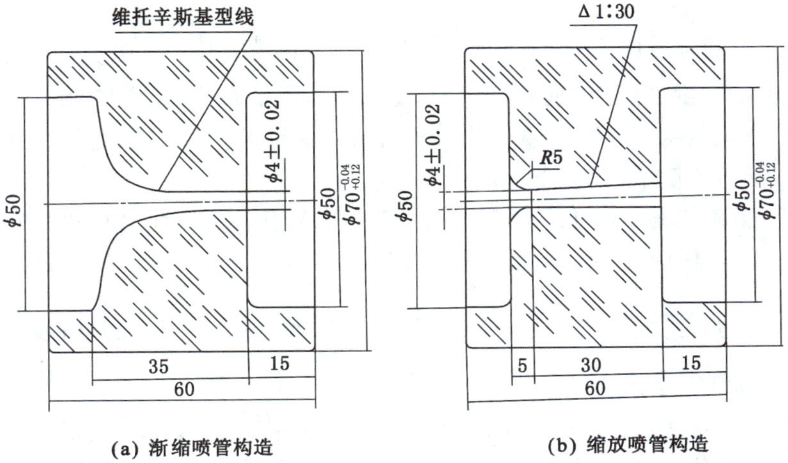

(a) 渐缩喷管构造　　(b) 缩放喷管构造

图 6-14　喷管构造图

得)。

③ 背压 p_b(背压真空表 10 上的读数测得)。

④ 流量 $\dot{m}$(U 形管压差计 4 上的读数 Δp 测得)。

四、实验步骤

分别对渐缩喷管和缩放喷管进行如下相同步骤：

(1) 用坐标校准器调好“位移坐标”的基准位置，然后小心地装上要求试验的喷管(注意不要碰坏测压探针)。打开调压阀 11。

(2) 对真空泵作开车前检查(检查传动系统、油路、水路)。检查无问题后打开背压调节阀，用手转动真空泵飞轮一周，去掉气缸中过量的油，开启电动机，当达到正常转速后可开始实验。

(3) 全开罐后调节阀 11，用罐前调节阀 11′调节背压 p_b 至一定值。摇动手轮 9 使测压孔位置 x 自喷管进口缓慢向出口移动。每隔 5 mm 一停，记下真空表 8 上的读数(真空度)。这样，将测得对应于某一背压下的一条$\frac{p_x}{p_1}$-x 曲线。

(4) 用罐前调节阀 11′逐次调节不同的背压 p_b 值，在各个背压值下，重复上述摇动手轮 9 的操作过程，而得到一组不同背压下的压力曲线$\frac{p_x}{p_1}$-x，如图 6-9 和图 6-11 所示。

(5) 摇动手轮，使测压孔的位置 x 位于喷管出口外 30～40 mm 处。此时真空表 8 上的读数为背压 p_b。

(6) 全开罐后调节阀 11,用罐前调节阀 11′调节背压 p_b,使其由全关状态逐渐缓慢开启。随背压 p_b 的降低(真空度升高),流量 $\dot{m}$ 逐渐增大,当背压降至某一值(渐缩喷管为 p_c,缩放喷管为 p_f,见图 6-8 和图 6-10)时,流量达到最大值 m_{max},以后将不随 p_b 的降低而改变。

(7) 用罐前调节阀 11′重复上述过程,调节背压 p_b,每变化 0.002 5 MPa 一停,记下真空表 10 上的背压读数和 U 形压力计 4 上的压差 Δp(mmH_2O)读数,将读数换算成压力比$\frac{p_b}{p_1}$和流量 $\dot{m}$(可用图 6-12 给出$\frac{\dot{m}}{\varepsilon\beta\gamma}\cdot 10^3$-$\Delta p$ 曲线求得流量 m),在坐标纸上绘出流量曲线,进行分析。

(8) 在实验结束阶段,真空泵停机前,打开罐前调节阀 11′,关闭罐后调节阀 11,使罐内充气。当关闭真空泵后,立即打开罐后调节阀 11,使真空泵充气,以防止真空泵回油。最后关闭冷却水阀门。

五、数据记录

实验中认真做好原始数据记录(包括室温 t_0、大气压力 B 及实验日期),填入表 6-4 和表 6-5 中。如发现试验结果出现较大误差,应仔细分析查找原因。

在整理数据时,由于各种实验曲线都是以压力比($\frac{p_b}{p_1}\cdot\frac{p_x}{p_1}$)作为坐标,因此必须将压力换算为相同单位进行计算。

六、数据处理

(1) 数据处理包括以下内容:

① 计算管中的理论流量 m。

② 计算管中的实际流量。

③ 画出喷管流量曲线图($\dot{m}$-p_b/p_1)和压力距离曲线图(p_x/p_1-x)。

(2) 理论流量计算举例。

如某 x 处的表压为 $p_x=15$ kPa,大气压 $B=94.58$ kPa,该表压对应的液柱高度为 $\Delta p=160$ mm。

由公式(6-17),该表压下进口压力为:

$$
\begin{aligned}
p_1 &= B-0.97\Delta p \\
&= 94.58-160\times 0.97=93.06\ (\text{kPa})
\end{aligned}
$$

由理想气体方程,该处气体比容为:

$$v_1=R_g T/p_1=0.903\ 62\ (\text{m}^3/\text{kg})$$

该处绝对压力为：

$$p=B-p_x=79.58\ (\mathrm{kPa})$$

该处压力比为：

$$p/p_1=0.84$$

代入公式(6-12)得到理论质量流量：

$$m=2.083\times 10^{-3}\ (\mathrm{kg/s})$$

七、讨论

(1) 分析实验结果。

(2) 实验的收获、体会及存在问题。

(3) 对实验的改进意见。

八、思考题

(1) 何谓喷管的临界状态？临界压力 p_c 如何确定？

(2) 渐缩和缩放喷管出口截面压力 p_2 与背压 p_b 之间有何关系？

(3) 渐缩喷管的 p_2 能降到临界压力 p_c 以下吗？缩放喷管的 p_2 能降到 p_c 以下吗？

(4) 渐缩和缩放喷管的临界压力 p_c 出现的位置各在何处？各截面的流量相同吗？

注：表 6-5、表 6-6 中的曲线用方格纸绘制。

表 6-5 喷管实验记录(一)

室温 t_a = ________ ；B = ________

喷管形式：________						
喷管截面距入口距离 x/mm	截面压力/Pa					
	p_{b1} ____	p_{b2} ____	p_{b3} ____	p_{b4} ____	p_{b5} ____	p_{b6} ____
0						
5						
10						
15						
20						
25						
30						
35						
40						
45						
50						
55						
60						
测定的压力截面距离曲线						

表 6-6 喷管实验记录(二)

喷管形式：________		主要参数：____________ 最小截面积：____________			
喷管背压 p_b		进口压力 p_1		喷管流量	
真空度 /Pa	绝对压力 /Pa	真空度 /Pa	绝对压力 /Pa	U形压差 Δp /mmH_2O	质量流量 $\dot{m}$ /(kg/s)

测定的流量背压曲线

临界压力 p_c/Pa	计算值		最大流量 $\dot{m}_{max}$ /(kg/s)	计算值	
	实验值			实验值	

实验四　制冷(热泵)循环演示实验

一、实验目的

(1) 演示制冷(热泵)循环系统的工作原理,观察制冷工质的蒸发、冷凝过程和现象。

(2) 熟悉制冷(热泵)循环系统的操作和调节方法。

(3) 进行制冷(热泵)循环系统初步的热力计算。

二、制冷(热泵)的基本原理

(1) 制冷(热泵)循环的基本概念

制冷(热泵)循环是一种逆向循环,其目的在于将低温物体(热源)的热量转移到高温物体(热源)中去。根据 Clausius 关于热力学第二定律的叙述,要实现热量由低温物体向高温物体的迁移,外界必须向系统提供机械能或者热能。

制冷循环与热泵循环从原理上讲是完全相同的,区别在于工程应用中侧重点不同。制冷循环的主要目的是从低温物体(热源)取走热量,以维持低温;而热泵循环的主要目的是不断向高温物体(热源)输送热量,以维持高温。因此工程实际中制冷机和热泵在设计和制造上有一定区别。

(2) 制冷(热泵)循环的经济性指标

制冷循环的经济性指标是制冷系数,热泵循环的经济性指标是供热系数,其计算方法均是得到的收益与消耗的代价的比值。以卡诺逆循环为例,在图 6-15 所示的 T-s 图上,高温热源温度为 T_{I},低温热源温度为 T_{II},那么根据制冷系数的定义得到下式:

$$\varepsilon_c = \frac{Q_{\mathrm{II}}}{W} = \frac{Q_{\mathrm{II}}}{Q_{\mathrm{I}} - Q_{\mathrm{II}}} = \frac{T_{\mathrm{II}}}{T_{\mathrm{I}} - T_{\mathrm{II}}} \tag{6-21}$$

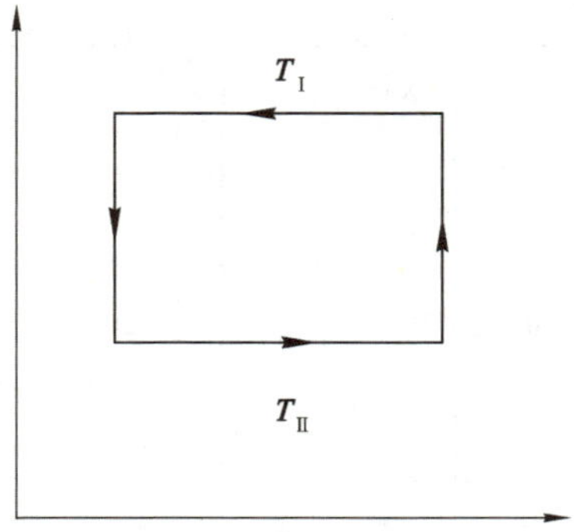

图 6-15　卡诺逆循环的 T-s 图

上式中,Q_{II} 表示从低温热源带走的热量,Q_{I} 表示向高温热源释放的热量,W 代表外界对系统所做的功或者提供的热。

(3) 蒸气压缩式制冷循环的基本原理

蒸气压缩式制冷是各种制冷方式中应用范围最广的制冷方式，本演示实验也是根据蒸气压缩式制冷的原理设计的。

图 6-16 所示为蒸气压缩式制冷循环的设备示意图和 T-s 图，主要设备包括压缩机、冷凝器、膨胀阀和蒸发器。具体的循环过程可描述为：工质从蒸发器流出时为干饱和蒸汽（状态 1）；进入压缩机进行可逆绝热压缩过程（过程 1—2），工质升压升温至过热蒸气（状态 2）；过热蒸气进入冷凝器，实现可逆定压放热过程（过程 2—3—4），至饱和液态（状态 4）；饱和液经过膨胀阀作不可逆绝热节流过程（过程 4—5），降压降温至状态 5；低温液体进入蒸发器实现可逆定压蒸发过程（过程 5—1），达到饱和气态（状态 1）。这样完成了一个循环。其中过程 5—1 从低温热源带走热量，过程 2—3—4 向高温热源放出热量。

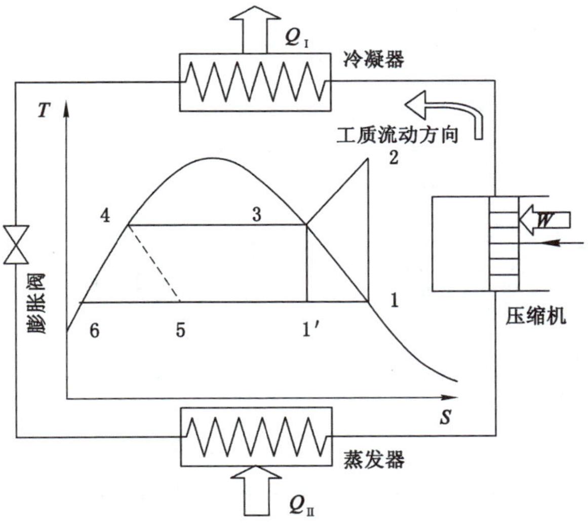

图 6-16　蒸气压缩式制冷循环的设备示意图和 T-s 图

三、实验装置

本实验装置由全封闭式压缩机、换热器 1、换热器 2、浮子式节流阀、四通换向阀以及管路组成制冷（热泵）循环系统；由流量计以及换热器内盘管组成水系统；同时设有温度、压力、电流、电压等测量仪表，用于测量工质温度以及对系统实现控制。装置示意图如图 6-17、图 6-18 所示，当系统做制冷循环时，换热器 1 作蒸发器，换热器 2 作冷凝器；热泵循环时，换热器 1 作冷凝器，换热器 2 作蒸发器。系统使用低压工质 R11 作制冷剂。

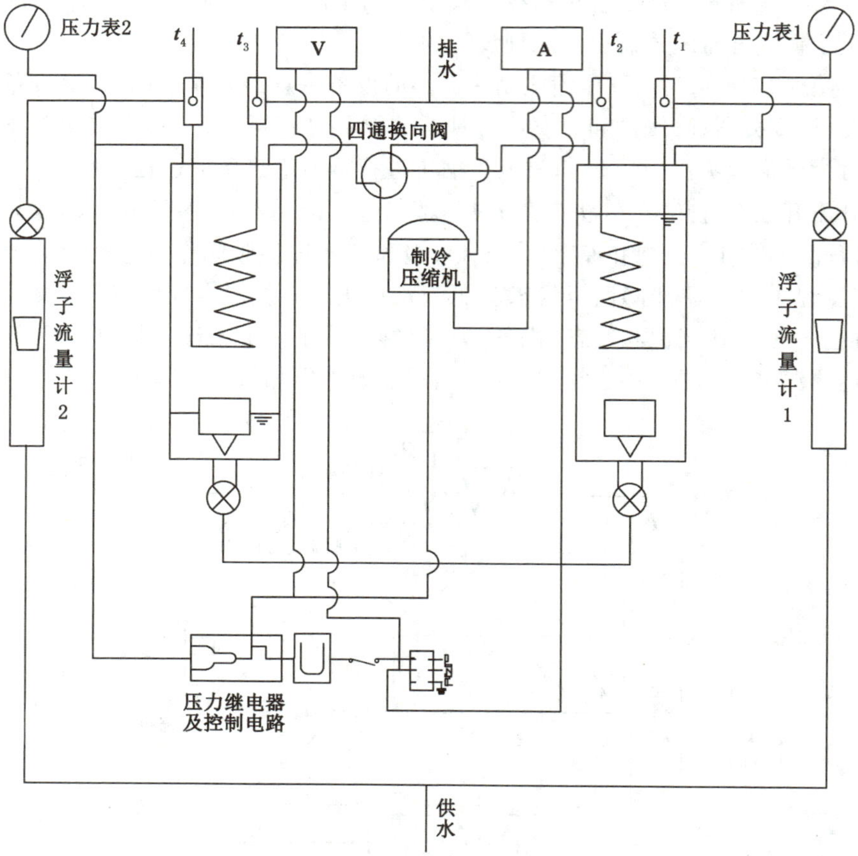

图 6-17　制冷(热泵)循环演示装置示意图

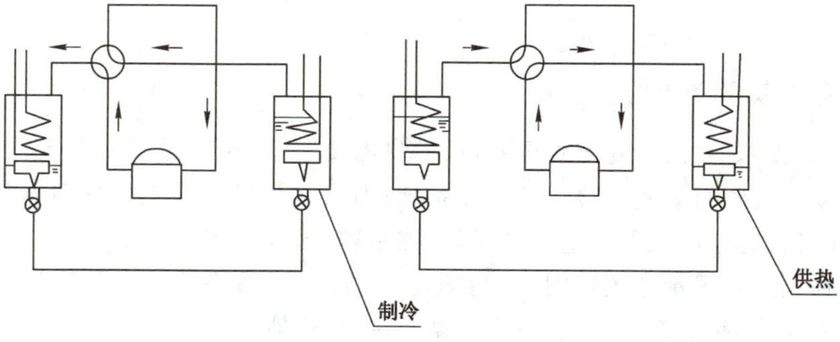

图 6-18　制冷剂流向改变流程图

四、实验步骤

(1) 制冷循环演示

① 把四通换向阀调至"制冷"位置。

② 打开连接演示装置的供水阀门,利用浮子流量计阀门适当调节蒸发器、冷凝器水流量。

③ 开启制冷压缩机,观察工质冷凝、蒸发过程及其现象。

④ 待系统运行稳定后,即可记录压缩机输入电流、电压、冷凝压力、蒸发压力、冷凝器和蒸发器的进、出口温度以及水流量等参数。

(2) 热泵循环演示

① 把四通换向阀调至"热泵"位置。

② 类似上述②、③、④步骤进行操作和记录。

五、数据记录和处理——制冷(热泵)循环系统的热力计算

数据准备:

(1) 通过演示实验台可以直接观测记录的数据:

换热器 1 的进口水温 t_1、出口水温 t_2、水流量 G_1;

换热器 2 的进口水温 t_3、出口水温 t_4、水流量 G_2;

换热器 1 内制冷剂工质压力 p_1;

换热器 2 内制冷工质压力 p_2;

环境温度 t_0;

电机电压 V、电流 I。

(2) 计算所需要的物性参数和常数:

水的定压比热 $c_p=4.186\ 8\ \text{kJ/kg}\cdot\text{K}$;

换热器的热损失系数(实验标准),取 $\phi=0.1\ \text{kW/℃}$;

电机效率 $\eta=98\%$;

R11 在蒸发压力下对应的饱和温度 t_e;

R11 在冷凝压力下对应的饱和温度 t_c;(t_e 和 t_c 需查 R11 热力性质表)。

① 当系统作制冷循环时

换热器 1 的热损失为 $q_e=\phi(t_0-t_e)\times10^{-3}$;

换热器 1 的制冷量为 $Q_1=G_1c_p(t_1-t_2)+q_e$;

换热器 2 的热损失为 $q_c=\phi(t_0-t_c)\times10^{-3}$;

换热器 2 的换热量为 $Q_2=G_2c_p(t_3-t_4)+q_c$;

压缩机轴功为 $N=\eta \dfrac{V \cdot I}{1\ 000}$；

热平衡误差为 $\Delta_1=\dfrac{Q_1-(Q_2-N)}{Q_1}\times 100\%$；

制冷系数为 $\varepsilon_1=\dfrac{Q_1}{N}$。

② 当系统作热泵循环时

换热器 1 的热损失为 $q_c=\phi(t_0-t_c)\times 10^{-3}$；

换热器 1 的制热量为 $Q_1=G_1 c_p(t_1-t_2)+q_c$；

换热器 2 的热损失为 $q_e=\phi(t_0-t_e)\times 10^{-3}$；

换热器 2 的换热量为 $Q_2=G_2 c_p(t_3-t_4)+q_e$；

压缩机轴功为 $N=\eta \dfrac{V \cdot I}{1\ 000}$；

热平衡误差为 $\Delta_2=\dfrac{Q_1-(Q_2-N)}{Q_1}\times 100\%$；

制热系数为 $\varepsilon_2=\dfrac{Q_1}{N}$。

六、注意事项

(1) 为确保安全，切忌冷凝器不通水或无人看管情况下长时间运行。

(2) 实验结束后，首先关闭压缩机，过 1 min 后再关闭供水阀门。

(3) 控制工质压力，不能超过 0.2 MPa。

七、思考题

(1) 分析实验结果，指出影响各参数测定精度的因素。

(2) 指出本系统运行参数的调节手段是什么。

八、实验预习要求

(1) 复习教材中有关制冷(热泵)循环方面的原理和公式。

(2) 了解一些常用的制冷方法。

(3) 了解常用的制冷剂的基本性质、命名规则以及制冷剂对环境的影响等方面的知识。

第七章　传热学基础实验

实验一　液体导热系数的测定

一、实验目的

(1) 用稳态法测量液体的导热系数。

(2) 了解实验装置的结构和原理，掌握液体导热系数的测试方法。

二、工作原理

被测试件的上表面受一个恒定的热流 Q 均匀加热，根据傅立叶定律，单位时间通过面积为 A 的平板试件的热流量可用下式表示：

$$Q=\lambda\left(\frac{T_1-T_2}{\delta}\right)A \tag{7-1}$$

因此，试件的导热系数 λ 为：

$$\lambda=\frac{Q\cdot\delta}{A(T_1-T_2)} \tag{7-2}$$

式中　A——试件垂直于导热方向的截面积，m^2；

δ——被测试件的厚度，m；

T_1——被测试件热面温度，℃；

T_2——被测试件冷面温度，℃。

三、实验装置

装置如图 7-1 所示，主要由循环冷水槽 2、上下均热板 3、测温热电偶 7、液槽 9 及其温度显示部分等组成。为了尽量减少热损失，提高测试精度，本装置采取以下措施：

(1) 设隔热层 5，使绝大部分热量只向下部传导。

(2) 为了减小由于热量向周围扩散所引起的误差，取电加热器中心部分(直径 $D=0.15$ m)作为热量的测量和计算部分。

(3) 在加热器底部设均热板 3，以使被测液体热面温度(T_1)更趋均匀。

(4) 设循环冷却水槽 2，以使被测液体冷面温度(T_2)恒定(与水温接近)。

(5) 被测液体的厚度 δ 是通过放在液槽中的垫片来确定的，为防止液体内部对流传热的发生，一般取垫片厚度 $\delta \leqslant 2 \sim 3$ mm 为宜。

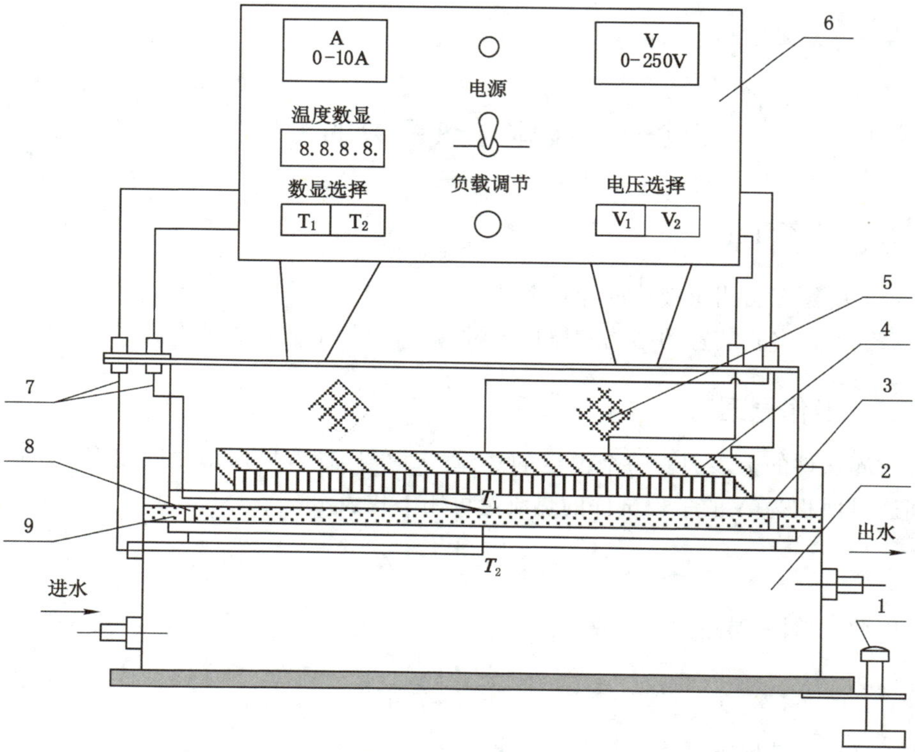

1—调整水准的螺丝；2—循环冷却水槽；3—上下均热板；4—电加热器；
5—隔热板；6—电控箱；7—测温热电偶；8—垫片；9—液槽。

图 7-1 液体导热系数测定装置

四、实验步骤

(1) 将选择好的三块垫片按等腰三角形均匀地摆放在液槽内(约为均热板接近边缘处)。

(2) 将被测液体缓慢地注入液槽中，直至淹没垫片约 0.5 mm 为止，然后旋转装置底部的调整螺丝，并观察被测液体液面，使被测液体液面淹没三块垫片。

(3) 将上热面加热器轻轻放在垫片上。

(4) 连接热电偶插头及电位差计(用户自备)。

(5) 接通循环冷水槽上的进出水管，并调节水量。

(6) 接通电源，按下 V_1 键开关，调整输入电压(V_1)达到其预定值(主要热面温度不得高于被测液体的闪点温度)。

(7) 按下 V_2 键开关，并记录测量部位电压 V_2 及通过的电流 I。

(8) 每隔 3 min 左右从温度数显器上记下被测液体冷、热面的温度值。将它们记入如表 7-1 所示的记录表中，并标出各次的温差 $\Delta T = T_1 - T_2$。当连续四次温差值的波动不大于 1 ℃时，实验即可结束。

(9) 实验完毕后切断电源、水源并关闭电位差计。

五、测试记录

液体厚度：2.6 mm，有效导热面积的计算直径：$D=$150 mm，电加热器的输入电压：$V_1=$______，相应有效导热面积的加热器电压：$V_2=$__________，加热器工作电流：$I=$________。

表 7-1　热面、冷面温度 T_1、T_2 读数记录表

No.	1	2	3	4	5	备注
T_1/℃						
T_2/℃						
ΔT/℃						

六、数据处理

(1) 有效导热面积：

$$A = \pi D^2/4 \tag{7-3}$$

(2) 平均传热温差：

$$\Delta \overline{T} = \frac{\sum_{1}^{k}(T_1 - T_2)}{4} \tag{7-4}$$

(3) 单位时间通过面积 A 的热流量 Q：

$$Q = V_2 \cdot I \tag{7-5}$$

(4) 液体的导热系数：

$$\lambda = Q \cdot \delta / A \cdot \overline{\Delta T} \tag{7-6}$$

式中 D——电加热器热量测量部位的直径，m；

δ——被测试件导热方向的厚度，m；

T_1——被测试件热面温度，℃；

T_2——被测试件冷面温度，℃；

V_2——热量测量部位的电位差，V；

I——通过电加热器的电流，A。

实验二　恒热流准稳态平板法测定材料热物性实验

一、实验目的

(1) 通过实验测出温度变化曲线，进一步加深了解不稳定导热过程的特征。

(2) 对导热系数、导温系数及比热容有比较直观的认识，并掌握快速测定材料热物性的实验方法和技术。

二、实验原理

如图 7-2 所示，对厚度为 2δ、初始温度为 t_i、导热系数为 λ、导温系数为 a 的无限大平板，当其两表面用恒热流密度 q_w 加热时，平板内任意点的温度可表示为：

$$t - t_i = \frac{q_w \delta}{\lambda}\left[F_0 + \frac{1}{2}\left(\frac{x}{\delta}\right)^2 - \frac{1}{6} + \frac{2}{(n\pi)^2}\sum_{n=1}^{\infty}(-n)^{n+1}\cos\left(n\pi\frac{x}{\delta}\right)\exp(-n^2\pi^2F_0)\right] \tag{7-7}$$

经过一段时间加热后，即 $F_0>0.5$ 时，式(7-7)中的级数项便可略去不计。这时可得：

$$t - t_i = \frac{q_w \delta}{\lambda}\left[F_0 + \frac{1}{2}\left(\frac{x}{\delta}\right)^2 - \frac{1}{6}\right] \tag{7-8}$$

由式(7-8)可见，板内各点温度随时间是线性变化的，而与板面垂直的坐标 x 呈抛物线关系，这就是非稳态导热达到准稳态时的温度场特征。对于 $x=\pm\delta$ 的加热面和 $x=0$ 的中心面，上式分别写成：

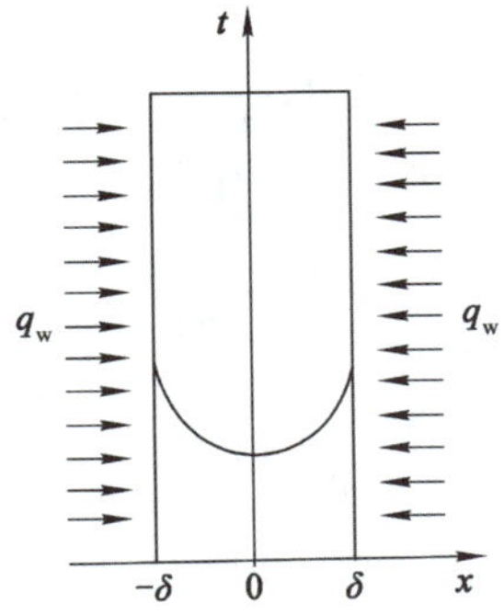

图 7-2　原理图

$$t_w = t_i + \frac{q_w \delta}{\lambda}\left(F_0 + \frac{1}{3}\right)$$

$$t_c = t_i + \frac{q_w \delta}{\lambda}\left(F_0 - \frac{1}{6}\right)$$

由上面两式可得导热系数：

$$\lambda = \frac{q_w \delta}{2(t_w - t_c)} = \frac{q_w \delta}{2\Delta t} \tag{7-9}$$

式中 Δt——同一瞬时加热面与中心面间的温差，℃；$\Delta t = t_w - t_c$；

q_w——单位面积平板表面所获得热流量，W/m²；

δ——平板的半宽度，m。

因为从不稳态导热达到准稳态时，板内各点的温度是随时间线性变化的。也就是说，此时板内各点温度对时间的变化率是相同的，故只要测出中心面（或加热面）的温度变化率，就可以按定义写出比热容的计算式：

$$c = \frac{q_w}{\rho\delta\left(\frac{\delta t}{\Delta t}\right)_c} \tag{7-10}$$

式中 ρ——试材的密度，kg/m³；

$\delta t/\Delta t$——中心面的中心温度变化率，℃/s。

按定义，材料的导温系数可表示为：

$$a = \frac{\lambda}{\upsilon c} = \frac{\delta\lambda}{q_w}\left(\frac{\delta t}{\Delta t}\right)_c = \frac{\delta^2}{2\Delta t}\left(\frac{\delta t}{\Delta t}\right)_c \tag{7-11}$$

综上所述，应用恒热流准稳态平板法测试材料热物性时，在一个实验上可同时测出材料的三个重要热物性——导热系数、比热容和导温系数。

三、实验设备

实验设备包括 SEI-3 型准稳态法热物性测定仪、计算机和实验控制软件，如图 7-3 所示。SEI-3 型准稳态法热物性测定仪内实验本体由 4 块厚度均为 δ、面积均为 F 的被测试材重叠在一起组成。在第一块与第二块试材之间夹着一个薄型的片状电加热器；在第三块和第四块试材之间也夹着一个相同的电加热器；在第二块与第三块试材交界面中心和一个电加热器中心各安置一对热电偶。这四块重叠在一起的试材的顶面和底面各加上一块具有良好保温特性的绝热层，然后用机械的方法把它们均匀地压紧。电加热器由直流稳压电源供电，加热功率由计算机检测。两对热电偶所测量到的温度由计算机进行采集处理，并绘出试材中心面和加热面的温度变化曲线。

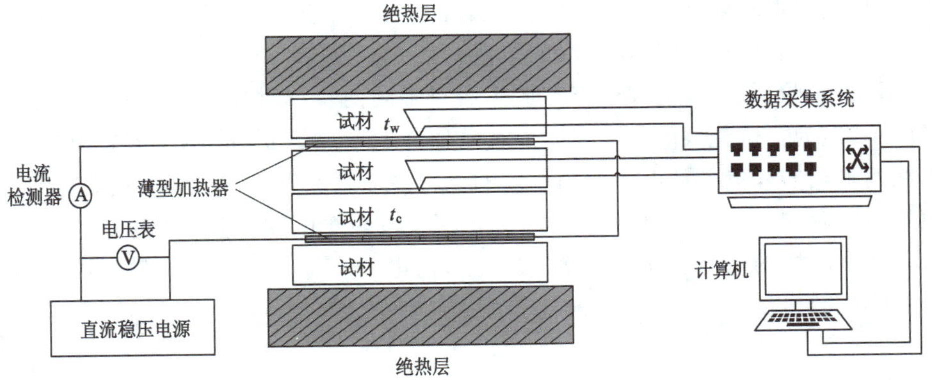

图 7-3　实验设备

四、实验步骤

(1) 用游标卡尺对试材的厚度进行测量，并用天平称其质量。

(2) 将试材按实验要求装入 SEI-3 型准稳态法热物性测定仪实验本体内。(注：用手拿取试材时一定要拿试材的边缘，不要用手接触试材的加热面，以免破坏试材的初始温度场。)

(3) 接通计算机和 SEI-3 型准稳态法热物性测定仪电源，使计算机进入 Windows 操作系统。在计算机桌面上双击 SEI-3 图标，使计算机进入 SEI-3 型准稳态法热物性测定仪的教学实验软件系统。

(4) 在相应的栏目内按要求输入试材名称、试材厚度、试材质量和预计试材导热系数(试材厚度和质量为单块试材的平均厚度和质量)。输入完成后，计算机在相应的栏目内给出试材的容重和实验加热电压。加热器预加电压分串、并联两种，对应 SEI-3 型准稳态法热物性测定仪的功率选择为大(并)、小(串)之分。通常 SEI-3 型准稳态法热物性测定仪的功率开关选择在小(串)位置，只有当加热器预加电压(串联)大于 20 V 时，再选择在大(并)的位置。调节 SEI-3 测定仪的电压调节旋钮，使加热电压在加热器预加电压值附近。

(5) 点击“测量”按钮并同时打开 SEI-3 测定仪的加热开关。观察加热表面和绝热表面的温度变化过程，当两表面的温差不变时，即温差曲线走平时，表明不稳态导热达到准稳态时的温度场特征，可点击“结束”按钮并关闭 SEI-3 测定仪的加热开关。

五、试材热流密度 q_w 的计算

这里我们虽然用薄片状电加热器加热，但它毕竟有一定的热容量，在加热过

程中，加热器本身要吸收热量，且先于试材。因此，试材实际所吸收的热量必须从电功率中扣除电加热器所吸收的热量。

根据实验原理，我们仅研究电加热器对中间两块试材加热时的温度变化就可以了，但为了避免因电加热器向外难以估计的散热给 q_w 的计算带来困难，所以在两加热器外侧各补上一块同厚度的试材并加以保温，这样，电加热器将同等地加热其两侧的每块试材，每块试材内的温度场对于电加热器是对称的。

两个同样的电加热器是并联(或串联)供电的。基于以上分析，试材表面实验所吸收的热量应为：

$$q_w=\frac{U\cdot I}{4F}-\frac{C_h}{2}\left(\frac{\delta_t}{\Delta t}\right)_h \tag{7-12}$$

式中 U——加热器的电压，V；

I——加热器的电流 A；

F——加热器(即试材)面积，m^2；

$C_h=0.079$——加热器单位面积的比热容，$J/m^2\cdot ℃$；

$\left(\frac{\delta t}{\Delta t}\right)_h$——加热器(试件加热面)的温度变化率，准稳态时有 $\left(\frac{\delta t}{\Delta t}\right)_h=\left(\frac{\delta t}{\Delta t}\right)_w=\left(\frac{\delta t}{\Delta t}\right)_c$，℃/s。

六、实验要求

(1) 预习实验指导书，弄懂实验原理和实验方法。

(2) 细心装配试材、电加热器和热电偶，避免损坏。

(3) 根据实验数据，绘出温度变化曲线，计算出试材的导热系数、比热容和导温系数。

七、实验数据记录

试材名称：轻质混凝土；试材厚度：15mm；试材面积：100 mm×100 mm；加热电流：________ A；加热电压：________ V。

表 7-2 实验数据记录表

时间	热面温度/℃	冷面温度/℃	时间	热面温度/℃	冷面温度/℃	时间	热面温度/℃	冷面温度/℃
0			5′30″			11′		
30″			6′			11′30″		

表7-2(续)

时间	热面温度/℃	冷面温度/℃	时间	热面温度/℃	冷面温度/℃	时间	热面温度/℃	冷面温度/℃
1′			6′30″			12′		
1′30″			7′			12′30″		
2′			7′30″			13′		
2′30″			8′			13′30″		
3′			8′30″			14′		
3′30″			9′			14′30″		
4′			9′30″			15′		
4′30″			10′			15′30″		
5′			10′30″			16′		

八、思考题

(1) 本实验方法有哪方面的误差？如何减少？

(2) 试材与试材间和试材与电加热器间都有缝隙，存在着接触热阻，它们对测试结果有何影响？

(3) 如因加工偏差而使中间两块试材厚度不等，一块厚度为 1.2δ，另一块厚度为 0.8δ，其余条件不变，试计算由此而引起的测试结果的偏差各为多少？

实验三　中温辐射黑度测试实验

一、实验目的

用比较法定量测量中温辐射时物体的黑度 ε。

二、实验原理

由 n 个物体组成的辐射换热系统中，利用净辐射法可以求出物体 $Q_{\mathrm{net},i}$：

$$Q_{\mathrm{net},i}=Q_{\mathrm{abs},i}-Q_{\mathrm{e},i}=\alpha_i\sum_{k=1}^{n}\int_{F_k}E_{\mathrm{eff},k}\cdot X_{(dk)i}\mathrm{d}F_k-\varepsilon_iE_{\mathrm{b},i}F_i \tag{7-13}$$

式中　$Q_{\mathrm{net},i}$——i 面的净辐射换热量；

$Q_{\mathrm{abs},i}$——i 面从其他表面的吸热量；

$Q_{\mathrm{e},i}$——i 面本身的辐射热量；

ε_i——i 面的黑度；

$X_{(dk)i}$——k 面对 i 面的角系数；

$E_{\mathrm{eff},k}$——k 面的有效辐射力；

$E_{\mathrm{b},i}$——与 i 面同温度下黑体的辐射力；

α_i——i 面的吸收比；

F_i——i 面的面积。

根据本实验的设备情况(见图 7-4)，可以认为：

(1) 腔体 2 均为黑体。

(2) 热源 1、黑体腔体 2 和待测物体 3 的表面温度均匀。

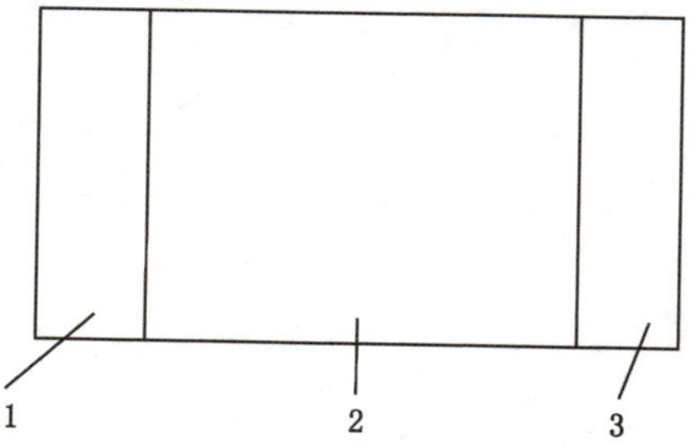

1—热源；2—黑体腔体；3—待测物体。

图 7-4　中温辐射黑度示意图

因此，公式(7-13)可写成：

$$Q_{net,3}=a_3(E_{b1}F_1X_{1,3}+E_{b2}F_2X_{2,3})-\varepsilon_3E_{b3}F_3 \tag{7-14}$$

已知 $F_1=F_2$，$\varepsilon_3=a_3$，$X_{3,2}=X_{1,2}$，又根据角系数的互换性 $F_2X_{2,3}=F_3X_{3,2}$，则：

$$\begin{aligned}q_3=\frac{Q_{net,3}}{F_3}&=\varepsilon_3(E_{b1}X_{1,3}+E_{b2}X_{1,2})-\varepsilon_3E_{b3}\\&=\varepsilon_3(E_{b1}X_{1,3}+E_{b2}X_{1,2}-E_{b3})\end{aligned} \tag{7-15}$$

由于受体 3 与环境主要以自然对流方式换热，因此：

$$q_3=h(t_3-t_f) \tag{7-16}$$

式中　h——换热系数；

t_3——待测物体(受体)温度；

t_f——环境温度。

由式(7-15)、式(7-16)可得：

$$\varepsilon_3=\frac{h(t_3-t_f)}{E_{b1}X_{1,3}+E_{b2}X_{1,2}-E_{b3}} \tag{7-17}$$

当热源 1 和黑体腔体 2 的表面温度一致时，$E_{b1}=E_{b2}$；并考虑体系 1、2、3 为封闭系统，则：

$$X_{1,3}+X_{1,2}=1$$

由此，式(7-17)可写成：

$$\varepsilon_3=\frac{h(t_3-t_f)}{E_{b1}-E_{b3}}=\frac{h(t_3-t_f)}{\sigma(T_1^4-T_3^4)} \tag{7-18}$$

式中　σ——斯忒藩-玻尔兹曼常数，$5.67\times10^{-8}\ \mathrm{W/m^2\cdot K^4}$。

对不同待测物体(受体)a、b 的黑度 ε 分别为：

$$\varepsilon_a=\frac{h(t_{3a}-t_f)}{\sigma(T_{1a}^4-T_{3a}^4)} \tag{7-19}$$

$$\varepsilon_b=\frac{h(t_{3b}-t_f)}{\sigma(T_{1b}^4-T_{3b}^4)} \tag{7-20}$$

设 $h_a=h_b$，则有：

$$\frac{\varepsilon_a}{\varepsilon_b}=\frac{T_{3a}-T_f}{T_{3b}-T_f}\cdot\frac{T_{1b}^4-T_{3b}^4}{T_{1a}^4-T_{3a}^4} \tag{7-21}$$

当 b 为黑体时，有 $\varepsilon_b=1$，式(7-21)可写成：

$$\varepsilon_a=\frac{T_{3a}-T_f}{T_{3b}-T_f}\cdot\frac{T_{1b}^4-T_{3b}^4}{T_{1a}^4-T_{3a}^4} \tag{7-22}$$

三、实验装置

实验装置简图如图 7-5 所示。

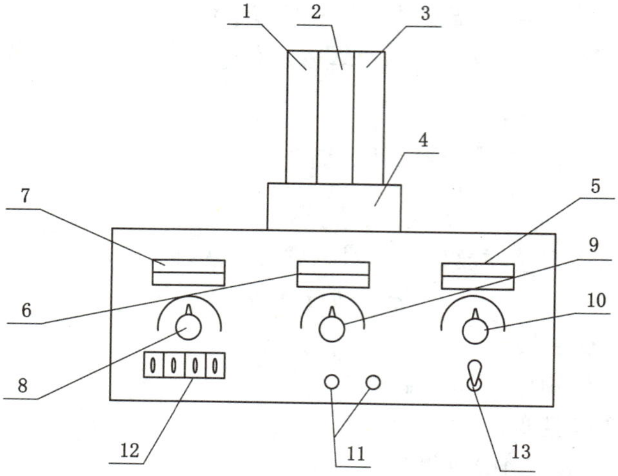

1—热源；2—黑体腔体；3—被测受体；4—导轨；5—黑体腔体右加热电压表；
6—黑体腔体左加热电压表；7—热源加热电压表；8—热源电压旋钮；9—黑体腔体左电压旋钮；
10—黑体腔体右电压旋钮；11—测温接线柱；12—测温转换开关；13—电源开关。

图 7-5　中温辐射黑度装置

四、实验步骤

本仪器用比较法定量地测定被测物体的黑度，具体方法通过三组加热器电压的调整(热源一组，黑体腔体两组)，使热源和黑体腔体的温度稳定在同一温度上，然后分别将“待测”(受体为待测物体，具有原来的表面状态)和“黑体”(受体仍为待测物体，但表面熏黑)两种状态的受体在相同的温度条件下，分别测出受到辐射后的受体温度，就可按公式计算出待测物体的黑度。

具体步骤如下：

(1) 将热源腔体和受体腔体(使用具有原来表面状态的物体作为受体)靠紧黑体腔体。

(2) 用导线将仪器上的测温接线柱 11 与电位差计上的“未知”接线柱“＋”“－”极连接好。按电位差计使用方法进行调零、校准并选好量程(Ⅺ档)。

(3) 接通电源，调整热源、黑体腔体左和黑体腔体右的调温旋钮，使其相应的电压表指针调至红点位置，加热约 40 min，通过测温转换开关，测试热源、黑体腔体左、黑体腔体右的温度，并根据测得的温度，微调相应电压旋钮，使其三点温度尽量一致。

(4) 系统进入恒温后(各测温点基本接近，且在 5 min 各点温度波动小于 3 ℃)，开始测试受体温度。当受体温度 5 min 内的变化小于 3 ℃时，记下一组数据(表 7-3)。“待测”受体实验结束。

(5) 取下受体,将受体冷却后,用松脂(带有松脂的松木)或蜡烛将受体熏黑,然后重复以上实验,测得第二组数据。

将两组数据代入公式即可得出待测物体的黑度 ε。

五、注意事项

(1) 热源及腔体的温度不宜超过 200 ℃。

(2) 每次做原始状态实验时,建议用汽油或酒精将待测物体表面擦净,否则,实验结果将有较大出入。

六、计算公式

根据式(7-22),本实验所用计算公式为:

$$\frac{\varepsilon_{受}}{\varepsilon_0}=\frac{\Delta T_{受}}{\Delta T_0}\cdot\frac{T_{源}^4-T_0^4}{T'^4_{源}-T_{受}^4} \tag{7-23}$$

式中　ε_0——相对黑体的黑度,可假设为 1;

$\varepsilon_{受}$——待测物体(受体)的黑度;

ΔT_0——黑体与环境的温差;

$\Delta T_{受}$——受体与环境的温差;

$T_{源}$——受体为相对黑体时热源的绝对温度;

$T'_{源}$——受体为被测物体时热源的绝对温度;

T_0——相对黑体的绝对温度;

$T_{受}$——待测物体(受体)的绝对温度。

表 7-3　实验数据记录表

序号	热源/℃	传导/℃		受体/℃		备注
		1	2	紫铜光面	紫铜熏面	
1						
2						
3						
平均/℃						

第八章　流体力学基础实验

实验一　流体静力学实验

一、实验目的

(1) 通过实验加深对水静力学基本方程物理意义的理解。
(2) 加深理解位置水头、压强水头及测管水头的概念。
(3) 理解液体内压强传递的规律。
(4) 实测静水压强，掌握静水压强的测量方法。
(5) 观察真空现象，加深对真空压强、真空度的理解。
(6) 测定油的重度。

二、实验原理

(1) 根据流体平衡规律，在重力场中静止液体的压强分布可表示为 $z+p/\gamma=C$。即在连通的同种静止液体中各点对于同一基准面的测压管水头相等。

(2) 压强水头 p/γ 和位置水头 z 之间的互相转换，决定了液柱高和压差的对应关系：$\Delta p=\gamma\Delta h$。

(3) 如图 8-1 所示，由于调压桶底部与水箱相连且调压桶上部直接与大气相通，当 K_1 关闭时，调压桶的升降会改变水箱内液体和空气的压强。

(4) 打开 K_1 时，水箱内液体的表面压强为大气压；当 K_1 关闭时，可通过升降调压筒调节水箱内液体的表面压强，使它高于或低于大气压，若此时打开 K_2，则染色水槽内导管液面会上升或下降，上升或下降的高度可用来计算水箱内的气体压强。

(5) 在压差相同的情况下，不同的液体对应不同的液柱高，用这个原理可以测定液体的密度。

三、实验装置

本实验装置如图 8-1 所示。在一全透明密封有机玻璃箱内注水，并用一乳胶管将水箱与一可升降的调压筒相连，调压筒的顶部与大气连通。水箱顶部装有排气阀 K_1，另从孔口 K_3 接出管子与三个 U 形比压计中的测管 2、4、6 相通，U 形比压计 1－2 与水箱不连通，内装液体为油，$\gamma_{油}<\gamma_{水}$，U 形比压计 3－4、5－6 在测点 A 和 B 与水箱接通。从开关 K_2 接出的管子插入另一容器中的染色水中。

打开 K_1 时，水箱内液体的表面压强为大气压，当 K_1 关闭时，可通过升降调压筒调节水箱内液体的表面压强，使它高于或低于大气压。

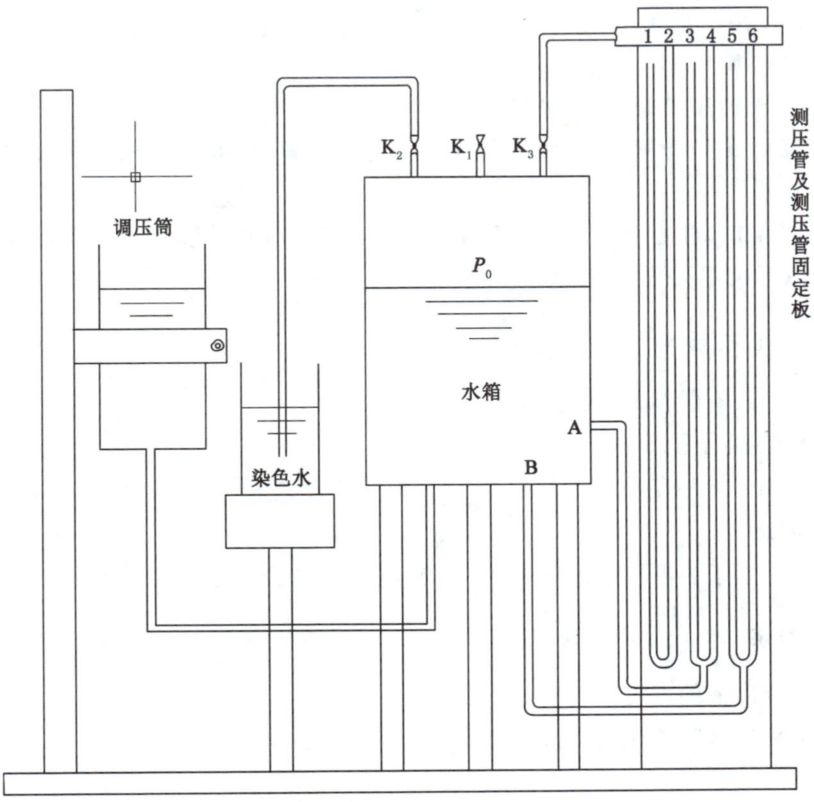

图 8-1　流体静力学实验装置图

四、实验步骤

(1) 认真阅读实验目的要求、实验原理和注意事项。

(2) 熟悉仪器,测记有关常数。

(3) 将调压筒放置适当高度,打开 K_1 排气阀,使水箱内的液面与大气相通,此时液面压强 $P_0=0$。待水面稳定后,观察并记录各测管中的液面位置,完成第一次实验。

(4) 关闭排气阀 K_1,将调压筒升至某一高度。此时水箱内液面压强 $P_0>0$。观察各测点压差计的压差变化,并测记各测管的液面标高,完成第二次实验。

(5) 将调压筒降至某一高度。此时水箱内液面压强 $P_0<P_a$,观察各测点压差计的压差变化,并测记各测管的液面标高。

(6) 打开开关 K_2,记录容器中的染色水被吸上的真空高度。

注意事项:

① 升降调压筒时,应轻拉轻放。

② 读取测压管读数时,一定要等液面稳定后再读,并注意保持视线与液面最低点处于同一水平面上。

③ 读数时,注意测压管标号和记录表中要对应,两种装置上所有测管液面标高均以标尺零读数为基准。

五、实验数据记录及处理

(1) 记录有关常数(表 8-1)。

实验装置台号№__________。

有关常数:A 点高程 $\nabla_A=$______mm,B 点高程 $\nabla_B=$______mm,$\rho_{水}=$ 1 000 kg/m³。

(2) 分别求出各次测量时的 A、B 点压力,并选择一基准检验同一静止液体内的 A、B 的$\left(z+\dfrac{P}{\rho g}\right)$是否为常数。

(3) 求出油的密度。

(4) 测出真空测压管内液面高出液面的高度。

表 8-1 实验数据记录表

	$P_0=0$	$P_0>0$	$P_0<0$
∇_1/mm			
∇_2/mm			

表8-1(续)

	$P_0=0$	$P_0>0$	$P_0<0$
∇_3/mm			
∇_4/mm			
∇_5/mm			
∇_6/mm			
$h_{染}$/mm	/	/	
P_0/Pa			
$P_A/\gamma_{水}$/mm			
$P_B/\gamma_{水}$/mm			
$z_A+P_A/\gamma_{水}$/mm			
$z_B+P_B/\gamma_{水}$/mm			
$\rho_{油}$/(kg/m^3)	/		

注：$P_0=\rho_{水}g(\nabla_5-\nabla_6)$，$P_A=\rho_{水}g(\nabla_3-\nabla_A)$，$P_A=\rho_{水}g(\nabla_5-\nabla_B)$，$\rho_{油}=\rho_{水}\dfrac{\nabla_5-\nabla_6}{\nabla_1-\nabla_3}$。

六、实验分析与讨论

(1) 同一静止液体内的测压管水头线是根什么线？

(2) 当 $P_0<0$ 时，实验装置内的哪些区域为真空区域。

(3) 如测压管太细，对测压管液面的读数将有何影响？

(4) 过A点作一水平面，相对各U形管、调压桶、染色水及水箱内的液体而言，这个水平面是不是等压面？

实验二　能量方程实验

一、实验目的

(1) 观察流体流经能量方程实验管时的能量转化情况。

(2) 测定并绘制管道的测压管水头线及总水头线，验证能量方程。

(3) 练习用体积法(或重量法)测量流量、毕托管量测点流速的实验技能。

二、实验原理

实际液体在有压管道中作恒定流动时，对于满足均匀流或渐变流条件的任意两个过流断面，可列能量方程：

$$z_1 + \frac{p_1}{\rho g} + \frac{\alpha_1 v_1^2}{2g} = z_2 + \frac{p_2}{\rho g} + \frac{\alpha_2 v_2^2}{2g} + h_w \tag{8-1}$$

当液体为静止状态时，其能量方程即为静力学基本方程，此时测压管水头线是一条水平线：

$$z_1 + \frac{p_1}{\rho g} = z_2 + \frac{p_2}{\rho g} = \text{const}(\text{常数}) \tag{8-2}$$

能量方程实验管上的四组测压管的任一组都相当于一个毕托管，可测得管内的流体速度。由于本实验台将总测压管置于能量方程实验管的轴线，所以测得的动压水头代表了轴心处的最大速度。

毕托管求点速度的公式为：

$$u = c\sqrt{2g\Delta h} = k\sqrt{\Delta h} \tag{8-3}$$

$$k = c\sqrt{2g} \tag{8-4}$$

式中　u——毕托管测点处的点速度；

c——毕托管的校正系数；

Δh——毕托管全压水头与静水压水头差。

在进行能量方程实验的同时，就可以测定出各点的轴心速度和平均速度。如果用毕托管求出所在截面的理论平均速度，可根据该截面中心处的最大流速、雷诺数与平均流速的关系，参考有关流体力学求出。本实验中，流速统一用测量水箱测定，毕托管测速可以作为一个辅助实验。

各测点总水头计算公式为：

$$Z + P/\rho g + u^2/2g = h \tag{8-5}$$

测压管水头计算公式为：

$$Z + P/\rho g = h_P \tag{8-6}$$

式中　Z——测点高度；

P——测点静压；

u——测点速度；

h——测点总水头；

h_P——测压管水头。

三、实验装置

能量方程实验可在综合试验台(图 8-2)上进行。流体力学综合实验台中，能量方程实验部分涉及的有上水箱、能量方程实验管、上水阀门、出水阀门、水泵、测压仪器和计量水箱等。

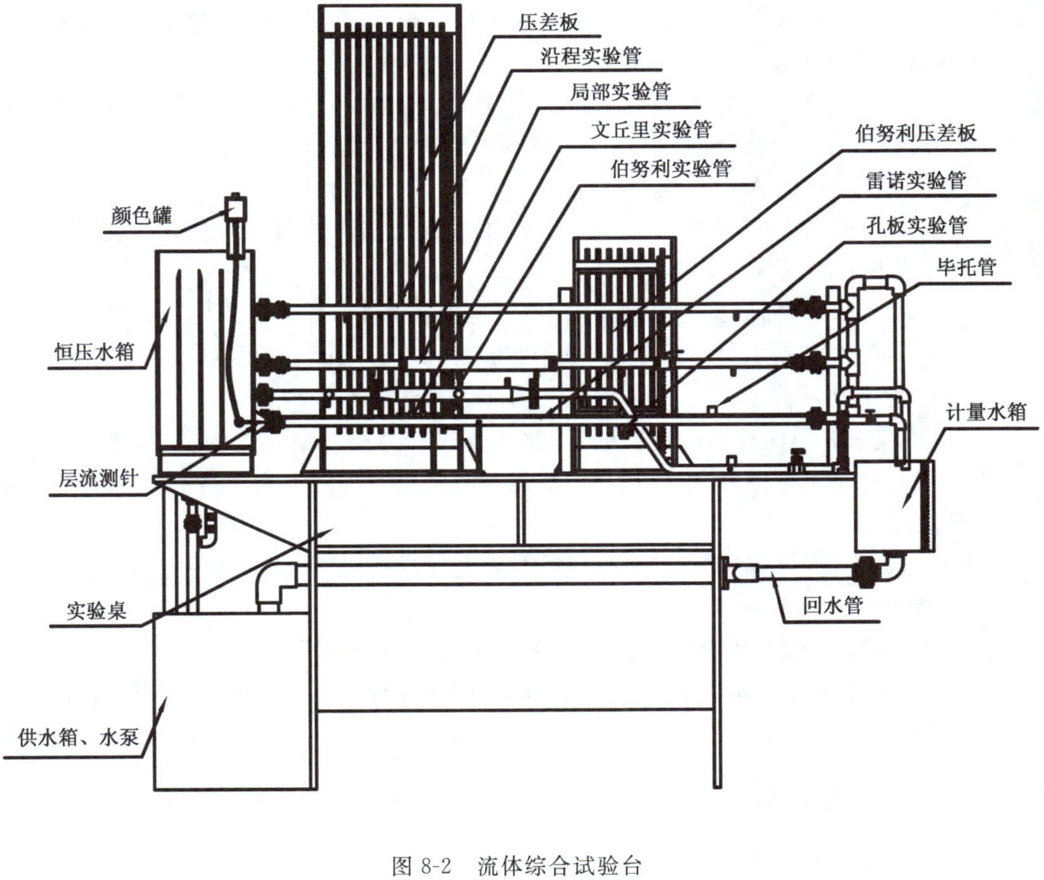

图 8-2　流体综合试验台

四、实验步骤

(1) 熟悉实验装置及原理，分辨测压管与毕托管，记录有关常数。

(2) 启动水泵，恒压水箱充水并保持溢流，水位恒定；来回开关流量调节阀数次，排除实验管道中的气体，待管道内无气泡后，关闭调节阀，抖动连通软管，将连通管内气泡排出。

(3) 检查流量调节阀全关时，各测压管、毕托管的液面是否齐平，若不平，则需查明原因(可能是连通软管受阻、接头没有接紧漏气或存在阻塞性气塞等)。

(4) 调节出水阀门至一定开度，观察各测压管和毕托管液位的变化情况，测读各测压管、毕托管水位值。

(5) 用量筒法计算断面平均速度，用毕托管法计算各断面的最大速度，比较二者之间的关系。

(6) 观察装置中各点的压强大小，总结出一般规律，并与理论教学中的压强分布规律进行比较，验证基本理论。

(7) 改变流量 2 次，重复(4)～(6)步骤，保证其中一次阀门的开度大到使最末一根测压管液面接紧测压排底部(但不能至量测范围以下)，绘制流量大的一次测压管水头线及总水头线。

(8) 实验结束前，需校核在流量调节阀关闭时，各测压管及毕托管液面是否水平，若不平，则重做。

(9) 实验结束后，关闭水泵开关，拔下电源插头，打开阀门，放空水箱，将滑动直尺等配套实验工具归放原位，擦干实验台和附近地面上的水迹。

注意事项：

① 流量调节阀开启一定要缓慢，并注意观察测压管中液位的变化，不要让测压管液面上升或下降太多，以免形成局部真空将空气倒吸入管路系统，影响实验正常进行。

② 实验量测一定要待水流稳定后才能进行，并注意保持视线与测压管液面最低点处于同一水平面上。

③ 流速较大时，测压管液面可能出现脉动，读数要读取时均值。

④ 量测流量后，量筒的水要倒进回流接水槽，不要倒在其他地方，以免循环水不够。

五、实验数据记录及处理

(1) 记录相关参数：

水箱液面高程∇_0=____ cm，上管道轴线高程∇_s=______cm，下管道轴线

高程$\nabla_x=$______cm；管道内径$D_1=$______mm；截面1、2、3、4距离水箱出口的水平距离$S_1=$____cm，$S_2=$____cm，$S_3=$____cm，$S_4=$____cm。

（2）量测测压管水头$(z+\frac{p}{\gamma})$，计算速度水头和总水头，并记入表8-2。

表8-2 测压管水头、速度水头、总水头数值表 单位：mm

测点编号		测压管水头								流量	
		1	2	3	4	5	6	7	8	水质量	时间
实验序号	1										
	2										
	3										

注：基准面选在标尺的零点上。

（3）计算各截面流速水头。

（4）空白处绘制上述三组测试结果中最大流量和最小流量下的总水头线E-E和测压管水头线P-P。

六、实验分析与讨论

（1）测压管水头线和总水头线的变化趋势有何不同？为什么？

（2）流量增加，测压管水头线有何变化？为什么？

（3）用量筒法计算断面平均速度和用毕托管法计算各断面的最大速度，比较二者之间的关系。

实验三　沿程阻力测定实验

一、实验目的

(1) 验证沿程水头损失与平均流速的关系。

(2) 掌握测量沿程阻力系数的方法。

二、实验原理

对沿程阻力两测点的断面列能量方程：

$$Z_1 + P_1/\rho g + a_1 u_1^2/2g = Z_2 + P_2/\rho g + a_2 u_2^2/2g + h_w \tag{8-7}$$

因实验管段水平，且为均匀流动，所以有：

$$Z_1 = Z_2; a_1 = a_2; u_1 = u_2; h_w = h_f$$

得：

$$h_f = P_1/\rho g - P_2/\rho g = \Delta h \tag{8-8}$$

可以看出，测压管水头差即为沿程水头损失，由此式求得沿程水头损失。同时根据实测流量计算平均流速 V，将所得 h_w、V 数据点绘在对数坐标纸上，就可以确定沿程水头损失与流速的关系。

沿程损失一般采用达西公式计算：

$$h_f = \lambda \frac{l}{d} \frac{v^2}{2g} \tag{8-9}$$

将 $v = \dfrac{Q}{\frac{\pi}{4}d^2}$ 带入上式可得：

$$\lambda = \frac{\pi^2 g d^5}{8l} \frac{h_f}{Q^2} = \frac{\pi^2 g d^5}{8l} \frac{\Delta h}{Q^2} \tag{8-10}$$

三、实验装置

沿程阻力测定实验可在综合试验台(图 8-2)上进行。流体力学综合实验台中，沿程阻力实验部分涉及的有上水箱、沿程阻力实验管、上水阀门、出水阀门、水泵、测压管和计量水箱等。

四、实验步骤

(1) 对照试验装置图和说明搞清各组成部件的名称、作用及工作原理。

(2) 按流量由小到大的顺序开启调节阀门,测读测压计水面差。

(3) 用体积法测量流量,并计算出平均流速。

(4) 读取供水箱中温度计的读数,读数时温度计下部不能离开水面。

(5) 将实验的 h_w 与计算得出的 v 值标 6 次。

(6) 实验结束后,关闭水泵,拔下电源插头,打开流量调节阀放空实验管道及压差计中的余水,将滑动直尺等配套实验工具归放原位,擦干实验台和附近地面上的水迹。

(7) 整理实验成果,分析实验数据绘制 $\lg v-\lg h_f$ 曲线。

注意事项:

① 实验量测必须在水流稳定后方可进行。

② 控制阀门、测量流量的同学要相互配合。

③ 测量流量后,量筒的水要倒进回流接水槽,不要倒在其他地方,以免循环水不够。

④ 注意爱护量筒、电子秤等配套实验工具。

五、实验数据记录及处理

实验数据记录见表 8-3。

表 3-3 实验数据记录表

仪器常数:内径 $d=$____cm,断面间距 $L=$______m,水温 $t=$______℃。

	∇_2	速度 v	水温 t	Re	λ
第一次试验					
第二次试验					
第三次试验					
第四次试验					
第五次试验					
第六次试验					

(1) 绘制 $\lg v$-$\lg h_f$ 曲线图。

(2) 绘制雷诺数 Re 和阻力系数的曲线图。

六、实验分析与讨论

(1) 根据实测 $\lg h_f$-$\lg v$ 曲线的斜率 m 值判断本实验的流区。

(2) 为什么测压管水头高差就是实验管段的沿程水头损失?实验管道若安

装成向下(或向上)倾斜,是否会影响实验结果?

(3) 讨论分析实验结果与莫迪图可能不相吻合的原因。

(4) 试利用本实验仪器设计一个实验,测定不锈钢实验管段的平均当量粗糙度 k。

第三部分　专业综合实验

第九章　暖通空调实验

实验一　散热器热工性能测定

一、实验目的

了解采暖散热器热工性能的测试方法，掌握测试数据的整理及计算，从而确定散热器在标准工况下的散热量及传热系数。

二、实验装置

实验装置主要由小室、热水箱、管道泵、PID 加热器、柜式空调机、温度与水流量测试装置以及风管与水管组成。

被测散热器安装在闭式小室内，散热器平行于小室中某一面墙安装，其背部距墙面 0.045～0.055 m，底部距地面 0.1～0.12 m，散热器与支管的连接采用同侧上进下出。在小室的基准点(内部空间的中心垂直轴线上离地面 0.75 m)及散热器进出口处均安装了高精度 Pt-100 温度传感器，通过数显表可直接测量其温度。

闭式小室外壳的夹层内安装了送风管与送风口，依靠柜式空调机来冷却夹层中的空气，使小室内基点空气温度维持在 17～19 ℃之间的某一温度。

三、实验原理

(1) 热水流经散热器的放热量

$$Q = GC_{pw}(t_g - t_h) \tag{9-1}$$

式中　Q——热水在散热器中的放热量，W；

G——流经散热器的水流量，kg/s；

C_{pw}——热水的定压比热，J/kg・℃；

t_g——散热器进口处的热水温度，℃；

t_h——散热器出口处的热水温度,℃。

(2) 通过散热器的传热量

$$Q' = KF\Delta t \tag{9-2}$$

$$\Delta t = \frac{t_g + t_h}{2} - t_n \tag{9-3}$$

式中 Q'——散热器的散热量,W;

K——散热器的传热系数,W/m^2·℃;

F——散热器的传热面积,m^2;

t_n——小室温度,采用小室内基点的空气温度,℃;

Δt——计算温差,℃(散热器中热水的平均温度与小室空气温度之差)。

(3) 散热器的传热系数 K

根据热平衡原理:

$$Q = Q'$$

$$GC_{pw}(t_g - t_h) = KF\left(\frac{t_g - t_h}{2} - t_n\right)$$

$$K = \frac{GC_{pw}(t_g - t_h)}{F\left(\frac{t_g + t_h}{2} - t_n\right)} \tag{9-4}$$

四、测试要求

(1) 实验时应将热水采暖系统调试到标准工况,即散热器进出口平均水温与基准点空气温度之差为 64.5±1 ℃时,进出口热水温度:辐射散热器为 25±1 ℃,对流散流器为 12.5±1 ℃。

(2) 测试必须在热水循环系统和闭式小室内的温度全部达到稳定条件后才可以进行,并在测试全过程加以保持。对于热水循环系统,其水流量波动应小于±1%,进出口水温度波动应小于±0.1 ℃;对于小室内基准点空气温度,其波动应不大于±0.1 ℃。

五、实验步骤

(1) 熟悉有关设备及仪器仪表的使用方法。

(2) 向回水箱注水,并启动管道泵,排除系统中的空气、铁锈、杂质等,使水系统正常循环。

(3) 接通电加热器,经反复观测与调节,使散热器的进水温度稳定在 95±0.1 ℃。

(4) 启动柜式空调机组，通过调节，供冷量使闭式小室的基准点空气温度控制在 17～19 ℃之间，其波动不超过±0.1 ℃，小室温度同时也要满足计算温差的控制要求(64.5±1 ℃)。

(5) 仔细调节回水管上的调节阀，使散热器出水温度稳定在 70±0.1 ℃。

(6) 待整个系统达到稳定后，同时对散热器进出口温度、小室基准点温度、系统循环水流量进行测量。每隔 10 min 观测一次，连续测试 4 次，将测试数据记录在表 9-1 内。

六、实验数据记录与整理

完成表 9-1 的实验数据记录、计算及整理分析工作。

表 9-1　散热器热工性能测试记录表

测定次数	散热器进水温度/℃	散热器出水温度/℃	小室基准点温度/℃	循环水流量/(L/h)
1				
2				
3				
4				
平均				

注：散热器散热面积为 2.4 m^2。

实验二　风机盘管机组供冷量测定

一、实验目的

(1) 熟悉和掌握管道内空气、水流量等有关参数的测试方法。

(2) 学习应用"焓差法"测定风机盘管机组的供冷量。

二、实验要求

(1) 了解本实验装置中是如何保证被测机组所要求的进风参数。

(2) 熟悉用取样方法测定空气的干、湿球温度。

(3) 掌握用喷嘴装置测定管内空气流量。

(4) 通过测试计算出风机盘管机组的供冷量,并求出其实测供冷量与热平衡偏差。

三、实验装置

整个实验流程如图 9-1 所示,主要包括以下四个部分。

(1) 测试小室

测试小室用来安装被测风机盘管机组。小室内空气温湿度应满足测试工况所要求的参数,对于冷工况试验,小室内干球温度要求为 27±0.3 ℃,湿球温度要求为 19.5±0.2 ℃。小室壁板采用厚为 50 mm 的保温彩钢板,天花板采用铝质扩散孔板,小室气流组织为上送下回式。

(2) 风路系统

风路系统由多功能组合式空调机组、空气流量测量装置、风管、风阀及空气温湿度取样装置等组成。

多功能组合式空调机组是用来建立试验小室内所要求的空气环境设备,它主要由表冷器、电加热器、电加湿器及风机等组成,可对空气进行加热、冷却、加湿、去湿处理。处理后的空气由风机送出,进入小室上部的静压室,再通过孔板送入小室内。空调机组中电加热器有一次加热(手动)、PID 加热(固态)及二次加热(手动)三组,保证空气干球温度。电加湿器采用 PID 自动控制,保证空气湿球温度。

空气流量测量装置是按照行业标准《空气冷却器与空气加热器性能试验方法》(JG/T 21—1999)要求制作而成,其隔板上装有 ϕ70 mm、ϕ80 mm 喷嘴各 2 个,ϕ150 mm 的标准喷嘴 1 个,可测量 250～4 000 m^3/h 的空气流量。测试时

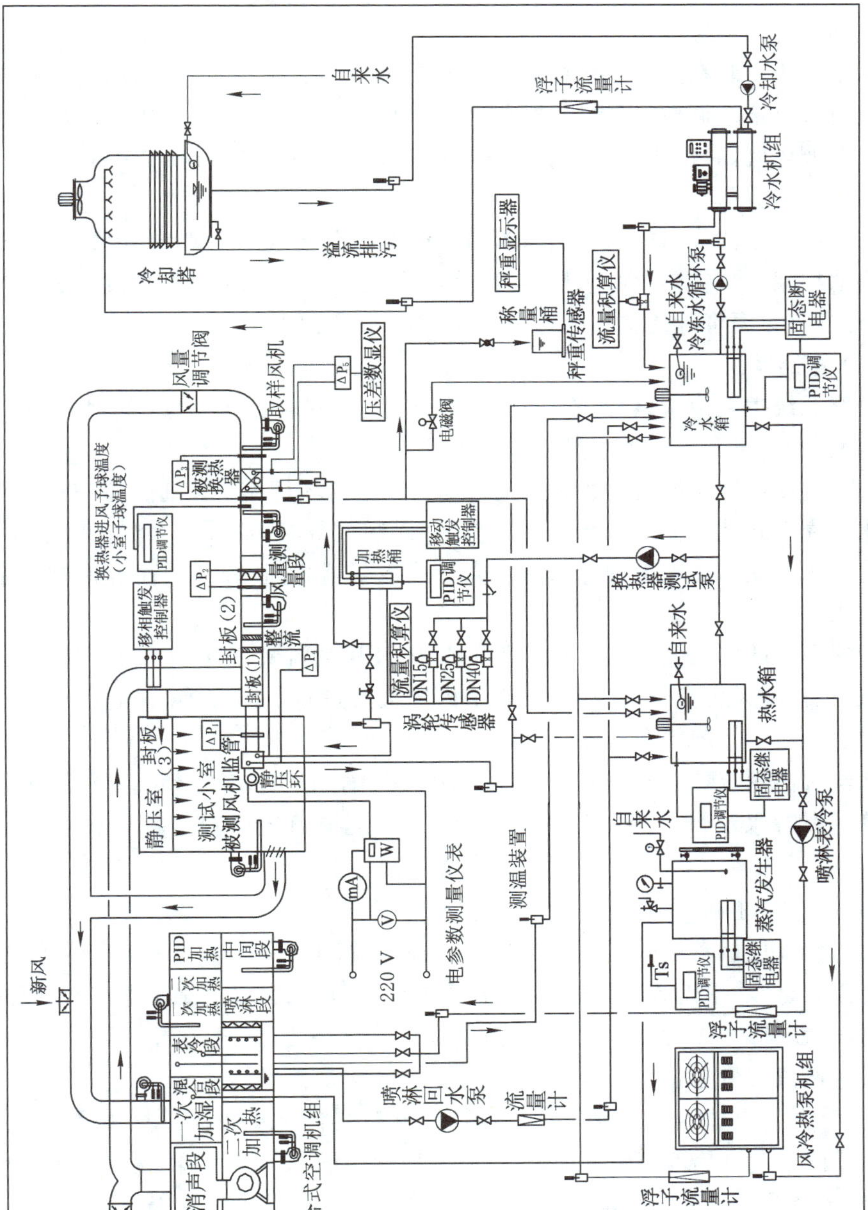

图9-1　空调换热器热工性能测试装置系统流程图

根据机组的风量大小来选择喷嘴的大小与个数，使喷嘴喉部风速控制在 15～35 m/s 之间。

辅助风机安装在空气流量测量段下游的组合式空调机组内，利用变频器可对其风量进行连续调节，以控制被测机组的出口静压。在辅助风机的出风管路上设置了调风阀门，用来调节系统的排风，控制小室内外空气压力差在±2 Pa 左右。

在测试小室内及风机盘管出口管路上设置了空气温、湿度取样装置，该装置主要由取样架、取样盒、离心风机、自动补水器及干、湿球温度计和温度传感器等组成，保证流过温度计的空气流速在 3.5～10 m/s 之间。

(3) 水路系统

水路系统主要由水泵、制冷压缩机、冷却塔、冷水箱、PID 加热桶、水管阀门以及水温、水流量和水阻力测量装置等组成。

本装置中制冷压缩机主机采用的是半封闭活塞式压缩机。通过冷冻水循环泵使水在壳管式蒸发器与冷水箱之间循环，以制取低温冷冻水，供测试时使用。通过冷却水泵使水在玻璃钢冷却塔与壳管式冷凝器之间循环，从而确保制冷系统正常工作。

冷水箱中的水依靠换热器循环泵加压经过涡轮流量变送器组及 PID 加热桶后，送至被测风机盘管机组中，与小室内的空气进行热湿交换，再流回到冷水箱中。

水经过涡轮流量变送器时，产生的脉冲信号输送至数字流量积算仪，测量风机盘管的瞬时水流量。为了校正涡轮流量计，系统中还设置了称量桶和电子台秤。

(4) 电气与控制系统

为了测试风机盘管电气性能，在装置控制电路中设有调压器、交流电压表、交流电流表、低功率因数瓦特表，保证盘管的工作电压、盘管的工作电流、盘管的输入功率；盘管的安全性能用泄漏电流测试仪、接地电阻测试仪、耐压试验仪、绝缘电阻测试仪测量(盘管的工作电源由交流稳压电源提供)。

小室内干、湿球温度由 PID 调节仪进行自动控制。风机盘管进水温度通过 PID 调节仪控制冷热水箱中电加热器的加热量，保证盘管进水温度在 7±0.2 ℃左右；通过调节阀改变盘管的水流量，控制被测机组的进出口水温差在 5±0.1 ℃左右，使其满足测试工况的要求。

四、实验原理

通过测量风机盘管在额定工况下的空气流量和盘管进风、出风空气的干湿球温度，计算出进入与离开盘管的空气焓值，求出盘管的风侧换热量；通过测量盘管进出水温、盘管水流量，计算盘管水侧换热量。通过测量喷嘴进口处的湿空气全压和干、湿球温度，利用公式或查焓湿图计算出湿空气密度、焓等状态参数。

（1）单个喷嘴的风量计算（湿工况下计算风量，即盘管在通入冷冻水时的风量）：

$$L_z = CA_n\sqrt{2\rho\Delta P} \tag{9-5}$$

$$R_e = \frac{W \times D}{\nu}$$

式中 L_z——湿空气的流量，kg/s；

A_n——喷嘴喉部截面积，m^2；

C——喷嘴的流量系数（见表 9-2）；

ΔP——喷嘴两侧压差，Pa；

ρ——喷嘴处湿空气密度，kg/m^3；

Re——雷诺数；

D——喷嘴喉部直径，m；

W——喷嘴喉部的空气流速，m/s；

ν——空气的运动黏性系数，m^2/s。

喷嘴的流量系数可根据计算出的雷诺数查表 9-2。

表 9-2 雷诺数表

雷诺数	流量系数 C	雷诺数	流量系数 C
40 000	0.973	150 000	0.988
50 000	0.977	200 000	0.991
60 000	0.979	250 000	0.993
70 000	0.981	300 000	0.994
80 000	0.983	350 000	0.994
100 000	0.985		

当使用多个喷嘴时，总的风量为上述公式计算出的各单个喷嘴风量的总和。

（2）风机盘管机组水侧供冷量的计算：

$$Q_w = WC_{pw}(t_{w2} - t_{w1}) - N \tag{9-6}$$

式中 Q_w——水侧供冷量，W；

W——通过风机盘管水流量，kg/s；

C_{pw}——水的定压比热，4 190 J/(kg·K)；

N——输入被测风机盘管机组的总功率，W；

t_{w1}、t_{w2}——进入和离开被测风机盘管机组的冷水温度，℃。

(3) 风机盘管机组空气侧冷量的计算：

$$Q_a = L_z(I_1 - I_2) \tag{9-7}$$

式中　Q_a——空气侧供冷量，W；

L_z——通过风机盘管机组的空气流量，kg/s；

I_1、I_2——进入和离开被测风机盘管机组的空气焓值，J/kg(干空气)。

(4) 风机盘管机组实测供冷量的计算：

$$Q = 1/2(Q_w + Q_a) \tag{9-8}$$

(5) 水侧与空气侧供冷量热平衡偏差的计算：

$$\delta = \frac{|Q_w - Q_a|}{Q} \times 100\% \tag{9-9}$$

式中　Q——被测风机盘管的实测供冷量，W；

δ——热平衡偏差，应小于5%。

五、实验步骤

(1) 熟悉有关设备、仪器仪表的操作与使用。

(2) 向冷水箱内注水，到浮球阀关闭为止。

(3) 启动冷却水泵、冷却塔风机及冷冻循环水泵，待运转正常后再开启制冷压缩机，使制冷压缩机投入运行。

(4) 启动换热器测试泵，将冷水箱中的冷冻水送至被测的风机盘管机组中。

(5) 启动组合式空调机组风机、风机盘管风机，使风路系统正常工作。调节变频器的输出频率，满足被测风机盘管风出口所需的静压值。

(6) 调节空气预处理设备中电加热器及加湿器的加热功率，使小室内空气干、湿球温度分别控制在27±0.3 ℃、19.5±0.2 ℃。

(7) 调节制冷压缩机出口水温及冷水箱中电加热功率，使冷水箱中的水温控制在7 ℃以下。

(8) 根据被测机组进水口处标准水银温度计读数，调整其PID调节仪的温度设定值，使进水温度控制在7±0.2 ℃。同时调节盘管进水调节阀，使盘管进、出口水温差控制在5±0.1 ℃。

(9) 待系统工况达到稳定后0.5 h开始测试记录，每隔10 min记录一次，连续测量4次。在试验周期内允许对静压差、水流量、加热量、加湿量等作微量调节。

(10) 测试结束后，应先切断所有电加热器、制冷压缩机、搅拌器、取样风机电源，5 min 后使水泵停车，10 min 后再切断空调风机、控制柜电源。

六、实验数据记录与整理

完成表 9-3 所示的实验数据记录、计算及整理分析工作。

表 9-3　风机盘管机组热工性能测试记录表

大气压力 ______；环境温度______；ϕ70 mm 喷嘴实际使用数 ______；ϕ80 mm 喷嘴实际使用数______；ϕ150 mm 喷嘴实际使用数 ______。

<table>
<tr><th rowspan="2">测定次数</th><th colspan="3">盘管进风取样参数</th><th colspan="3">盘管出风取样参数</th><th colspan="3">盘管水侧参数</th><th colspan="3">盘管风侧空气压差</th><th>机组电气参数</th></tr>
<tr><th>干球温度/℃</th><th>湿球温度/℃</th><th>取样管与大气压差/Pa</th><th>干球温度/℃</th><th>湿球温度/℃</th><th>取样管与大气压差/Pa</th><th>进水温度/℃</th><th>出水温度/℃</th><th>水流量/(m^3/h)</th><th>盘管出口静压/Pa</th><th>喷嘴前相对静压/Pa</th><th>喷嘴两侧静压差/Pa</th><th>输入功率/W</th></tr>
<tr><td>1</td><td></td><td></td><td></td><td></td><td></td><td></td><td></td><td></td><td></td><td></td><td></td><td></td><td></td></tr>
<tr><td>2</td><td></td><td></td><td></td><td></td><td></td><td></td><td></td><td></td><td></td><td></td><td></td><td></td><td></td></tr>
<tr><td>3</td><td></td><td></td><td></td><td></td><td></td><td></td><td></td><td></td><td></td><td></td><td></td><td></td><td></td></tr>
<tr><td>4</td><td></td><td></td><td></td><td></td><td></td><td></td><td></td><td></td><td></td><td></td><td></td><td></td><td></td></tr>
<tr><td>平均</td><td></td><td></td><td></td><td></td><td></td><td></td><td></td><td></td><td></td><td></td><td></td><td></td><td></td></tr>
</table>

实验三　表面式空气冷却器热工性能测定

一、实验目的

了解表面式换热器的结构、工作原理，掌握其热工性能的测试方法及有关计算。

二、实验内容

（1）了解本实验装置中是如何保证被测换热器所要求的进风参数。

（2）熟悉用取样的方法来测定风管内湿空气的干、湿球温度。

（3）掌握用喷嘴流量测量装置来测定风管内空气流量。

（4）计算求出被测换热器空气侧供冷量及水侧供冷量，并求其平均供冷量与热平衡偏差。

三、实验装置

整个试验装置由风路系统、水路系统、电气控制系统以及计算机数据采集系统四部分组成。

（1）风路系统

风路系统包括空气预处理设备、空气流量测量装置、消声整流装置、被测换热器、风管风阀及空气取样装置等。本实验装置中采用一台多功能组合式空调机组作为空气预处理设备，其功能段包括：PID 加湿段、表冷段、风机段、一次加热段(PID)、二次加热段，可对空气进行加热、加湿、冷却、去湿等处理，使被测换热器的进风参数满足测试工况的要求。加湿段有两组，其中手动加热功率为 3×4 kW＝12 kW，PID 加热功率为 3×4 kW＝12 kW。风机段选用的是 T4－72 NO4.0A 型离心通风机，电机功率为 5.5 kW，额定风量为 5 962 m^3/h，额定风压为 1 723 Pa。一次加热采用手动及 PID 控制两组，电功率为 3×3 kW＝9 kW，其中一组手动控制可借助三个单极空开对其加热量进行调节。二次加热段有两组，设置在风机段的进口，其加热功率为 3×3 kW＝9 kW。

空气流量测量段即喷嘴流量测量装置设置在风机段出口与被测换热器之间，用来测量通过被测换热器的风量。该段共装有喉部直径为 ϕ70 mm、ϕ80 mm、ϕ150 mm 的喷嘴，最大测试风量为 6 686 m^3/h，每只喷嘴的测量范围分别是 207～495 m^3/h、270～633 m^3/h、954～2 225 m^3/h，使用时应根据测试风量大小确定喷嘴使用的数量，通过喷嘴喉部的空气流速控制在 15～35 m/s 之间。

被测换热器为六排铜管套铝箔结构，片距为 3.2 mm，迎风面尺寸为 608 mm×608 mm，传热面积为 42 m^2，铜管规格为 ϕ16 mm×0.45 mm，每排铜管共有 16 根。在被测换热器进出风与进出水管路规定位置设置静压环，以便测量其空气阻力及水阻力。为了准确地测量风管内湿空气的干、湿球温度，在被测换热器的进口与出口分别安装了空气温、湿度取样装置。该装置由取样管、取样盒、取样风机及自动补水器等组成。测量湿球温度时，应保证流过湿球温度传感器处的空气流速在 3.5～10 m/s 之间，并且湿球温度感湿部分应始终处于湿润状态。

标准规定：冷却试验时空气进口干球温度应为 18～38 ℃，空气进口湿球温度应为 16～30 ℃，进水温度为 5～20 ℃，被测换热器迎面风速为 1～4 m/s，流经换热器管内的水流速度为 0.3～2 m/s。

(2) 水路系统

水路系统包括被测换热器水系统和冷冻水系统、冷却水系统三部分。

被测换热器水系统主要包括冷水箱、换热器水泵、涡轮流量传感器、被测换热器、水管阀门等。依靠换热器泵将冷水箱中冷冻水送至被测换热器中，与空气进行热湿交换后，回到冷水箱中，在回水管路上装有涡轮流量传感器，将产生的电脉冲信号送至控制柜上的流量数字积算仪中，从而直接测量出通过换热器的水流量。在被测换热器的进出水管上装有温度传感器和静压环，以便测量进出口水温及换热器的水阻力。通过换热器回水阀门调节系统的水流量，冷水箱用来向被测换热器提供 5～20 ℃恒温水，箱内装有搅拌器(6 极，0.75 kW)、不锈钢电加热器、温度传感器、浮球阀等，其接管有进水管、出水管、回水管、溢流管、排污管。冷水箱中电加热器由 PID_1(220 V)控制(3×5.5 kW=16.5 kW)、PID_2(380 V)控制(3×5.5 kW=16.5 kW)两组构成。冷冻水系统由冷水箱、冷冻水泵、制冷压缩机及管道阀门组成。制冷压缩机在空调工况下制冷量可达 4 万 kcal/h。

冷却水系统主要包括冷却塔、冷却水泵、玻璃转子流量计及管道阀门等。

(3) 电气控制系统

电气控制系统包括交流变频器、电气控制柜、高精度温度传感器及 PID 数显调节仪等。

整个装置中所有的水泵、加热器、取样风机等均由电控柜进行集中操作与控制。空调器风机由交流变频器来控制，调节变频器输出频率，保证被测换热器的迎面风速控制在 1～4 m/s 之间。被测换热器进风干球温度由高精度 PID 数显温度调节仪自动控制空气预处理设备中的电加热器，使其温度波动不超过±0.3 ℃。被测换热器进水温度由高精度 PID 数显温度调节仪自动控制冷水箱中的电加热器，使其温度波动不超过±0.2 ℃。

四、实验原理

（1）被测换热器水侧供冷量计算：

$$Q_w = G_w \times C_{pw} \times (t_{w2} - t_{w1}) \tag{9-10}$$

式中 Q_w——被测换热器水侧供冷量，W；

G_w——通过被测换热器冷水平均流量，kg/s；

C_{pw}——水的定压比热，J/kg・℃；

t_{w1}、t_{w2}——进入和离开被测换热器的冷水温度，℃。

（2）被测换热器空气侧供冷量计算：

$$Q_a = L_z(I_1 - I_2) \tag{9-11}$$

$$L_z = CA_n\sqrt{2\rho\Delta P}$$

式中 Q_a——被测换热器空气侧供冷量，W；

L_z——通过喷嘴装置的空气流量，kg/s；

ρ——喷嘴处空气密度，kg/m³；

C——喷嘴的流量系数；

A_n——喷嘴的喉部面积，m²；

ΔP——喷嘴两侧的压差，Pa；

I_1、I_2——进入和离开被测换热器的空气焓值，J/kg(干空气)。

（3）被测换热器的平均供冷量：

$$Q = (Q_w + Q_a)/2 \tag{9-12}$$

（4）被测换热器水侧与空气侧的热平衡偏差：

$$\delta = (|Q_w - Q_a|/Q) \times 100\% \tag{9-13}$$

式中 δ——热平衡偏差，$-5\% \leqslant \delta \leqslant 5\%$。

五、实验步骤

（1）首先熟悉有关设备及仪表的使用。

（2）检查系统中湿球温度传感器上的纱布包扎情况，并将水杯中加至合适的水位。

（3）关闭所有的放水阀，打开冷水箱浮球阀前阀门向冷水箱注水。

（4）启动冷冻水泵、冷水箱搅拌器、冷却水泵、冷却塔风机，使冷冻水与冷却水正常循环，然后开启冷冻机，设定制冷压缩机温度上限为 9 ℃，下限为 8 ℃，使冷水箱水温降低，并调整冷水箱 PID1 数显温度调节仪的设定值。

（5）启动空调风机（检查转向是否正确），用变频器调节输出频率，使喷嘴两侧静压差控制在规定的范围内，以保证通过换热器的迎面风速在 1～4 m/s 之间。

(6) 启动被测换热器进出口取样风机，调整换热器进风干湿球温度 PID 数显调节仪的设定值；接通风路系统中干、湿球温度的有关电加热器，使换热器进风干湿球温度控制在设定值，其波动不超过±0.3 ℃。

(7) 待冷水箱温度接近设定值时，启动换热器泵，接通 PID 控制的加热器，使被测换热器的进水温度控制在设定值，其波动不超过±0.2 ℃。

(8) 通过数显温湿度表观察水温、风温变化，当换热器进风干球温度波动小于±0.3 ℃；进水温度波动小于±0.2 ℃时，系统处于稳定状态。

(9) 待运行工况稳定后，开始记录数据，每隔 3 min 读一次，连续测量 4 次，将测试数据记录在表格内。

(10) 测试结束后，应先切断所有电加热器、制冷压缩机、搅拌器、取样风机电源，5 min 后使水泵停车，10 min 后再切断空调风机、控制柜电源。

六、实验数据记录与整理

完成表 9-4 的实验数据记录、计算及整理分析工作。

表 9-4 换热器热工性能测试记录及计算表

喷嘴实际使用数：ϕ70 mm：______个；ϕ80 mm：______个；ϕ150 mm：______个；环境温度：______℃；大气压力：______MPa。

次数	项目										
	换热器进风干球温度/℃	换热器进风湿球温度/℃	换热器出风干球温度/℃	换热器出风湿球温度/℃	换热器进水温度/℃	换热器出水温度/℃	换热器水流量/(t/h)	喷嘴进风干球温度/℃	喷嘴进风湿球温度/℃	喷嘴两侧静压差/Pa	喷嘴前静压压力/Pa
1											
2											
3											
4											
平均											

第十章　建筑环境综合测试

实验一　室内气象参数测定

空气调节的任务就是在不同的自然条件下，使室内空气的温度、相对湿度、空气流速和洁净度等维持在一定的范围和波动幅度内，以利于工业生产及科学研究，并为人们的工作、学习与休息等提供良好的室内环境。

上述的"四度"要求，就是我们通常说的室内气象条件。

一、实验目的与要求

通过实验了解测定室内气象条件各参数时常用的仪器仪表，并要求测定工况具有重现性，以便对被测对象做出评价。

二、实验原理

实验在恒温恒湿空调房间或者热害矿井采煤工作面热湿环境模拟实验平台进行。测定状态应稳定在允许的范围内，并要求测定工况具有重现性，以便对被测对象给予评价。

(1) 温湿度测量

恒温恒湿空调房间通过空调送回风管路与恒温恒湿空调机组相连，由恒温恒湿机组控制恒温恒湿空调房间的温、湿度。根据建筑环境学理论，测试研究空调房间在不同的送风参数下的温、湿度分布规律，及舒适性客观评价参数的测定，在此基础上分析送风温、湿度与速度对热舒适的影响。

空调房间的水平方向布点原则可参照图 10-1，按照矩形等面积法把其分成 4 个相等的小矩形，分别在 4 个面积相等的小矩形对角线焦点处距地面标高 1.5 m 处设置测点。竖直方向测点按照平均法布置测点(图 10-2)，测点间距根据房间高度设置为 300～500 mm。

(2) 空调送风口风速与风量测量

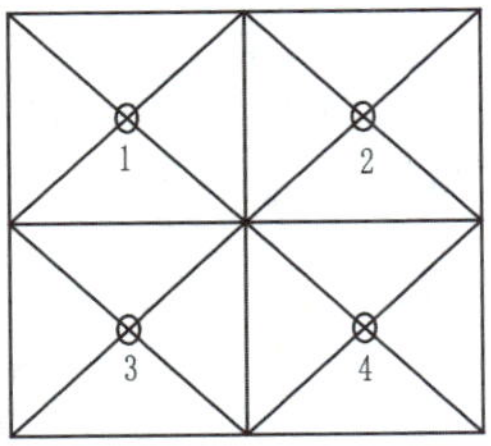

图 10-1　房间水平方向温、湿度测点布置示意图

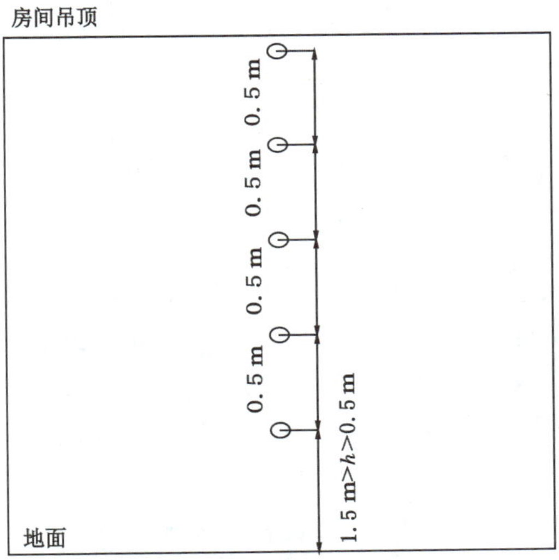

图 10-2　房间竖直方向温、湿度测点布置示意图

由于风口有效通风面积与外框的面积相差较大（在 50%～70%），难于准确地测定。研究表明，送风口风量可按下式简化计算：

$$L = 3\,600kF_dV \tag{10-1}$$

式中　L——送风口的风量，m^3/h；

k——送风口格栅的修正系数，一般为 0.7～1.0；

F_d——送风口外框的面积，m^2；

V——空调送风口处测得的平均风速，m/s。

可用热球风速仪或叶轮风速仪测定送风口处风速。用叶轮风速仪测定送风口处风速的方法有：

① 匀速移动法

对于截面不太大的风口，可将叶轮风速仪在截面上按一定的路线缓慢匀速地移动，如图 10-3 所示。移动路线应遍及测定平面各部位。移动时，叶轮风速仪不得离开风口平面。移动一遍后即可得到测定平面上的平均风速。通常应测定 3 次以上，然后取它们的平均值作为该断面的平均风速值。

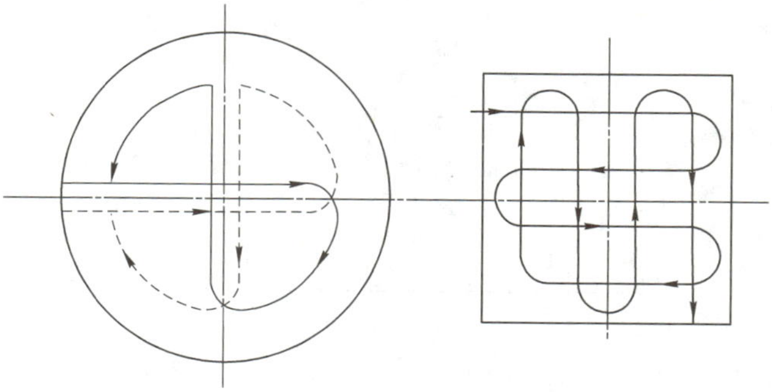

图 10-3　匀速移动测量路线图

② 风量罩法

风量罩测量风速的范围为 85～3 500 m^3/h，其根据测量多点平均风速的方法得到风口的风量，由风量及送风口的面积可计算得到平均风速。风量罩由尼龙罩、基座、显控面板、把手、多点热线风速传感器等构成。测量时将尼龙罩安装在送风口处，确保尼龙罩与送风口外围吊顶板封闭严实(图 10-4)。启动面板的启动键，读数调零后根据需要选择测量范围，即可对风口的风速进行测量。

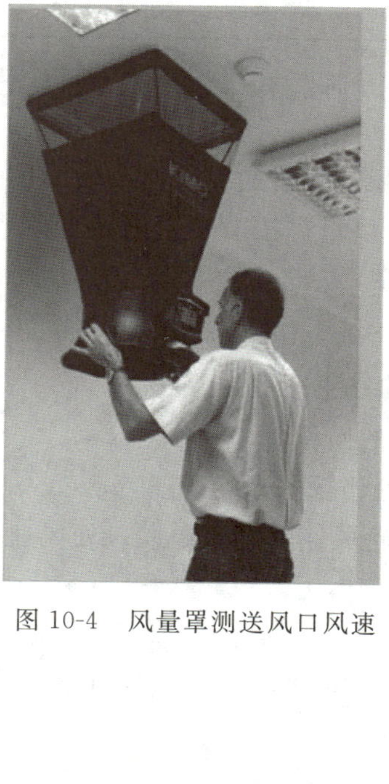

图 10-4　风量罩测送风口风速

三、实验装置及仪器的选择

(1) 实验参数的范围

以集中空调系统或局部空调系统调节的实际建筑房间或模拟房间为测定对象。一般要求:夏季,t=26～28 ℃,相对湿度 ϕ=40%～60%;冬季,室内温度 t=18～22 ℃,相对湿度 ϕ≥35%,室内应具有一定的热设备等。

(2) 主要仪器

实验用主要仪器设备包括玻璃水银温度计、通风干湿球温度计、三杯风向风速表、数字风速表、空盒气压计等。

(3) 仪器精度要求

① 温度计:温度计的刻度最小分度值应不大于 0.2 ℃,测量精度等级为 2.0。

② 风速仪表:最小风速为 0.05 m/s,测量精度等级为 2.0 。

③ 气压计:最小刻度为 100 Pa,测量精度等级为 2.0 级。

四、实验步骤

(1) 测点布置

若无特殊要求,应根据设计要求确定工作区,在工作区内布置测点。水平方向测点布置按照图 10-1 所示进行布置,至少取 4 个测点。一般的空调房间可选择人经常活动的范围(距地面 2 m 以下)或工作面(常指距地面 0.5～1.5 m 的区域)为工作区。

测试房间竖直方向温、湿度时,按照图 10-2 所示布置方法,间隔 0.5 m 设点,沿房间在 2 m 以下视情况决定若干断面,按等面积法(1 m^2)设点。

(2) 仪器标定与检查

① 温度计进行固定点温度(0 ℃与 100 ℃)标定或者用实验室标准温度计标定,确定温度计的误差。

② 检查风速仪、压力计是否进行过年检,选择符合测量范围的风速仪表与压力仪表。

(3) 熟知测量内容

在布置测点处按照等精度测量方法,对主要室内气象参数进行多次反复测量,单点每个工况的测量次数不得少于 10 次,并按照测量误差处理方法处理所有测量数据,得到气象参数的最佳估计值。具体测试内容包括以下几项:

① 室内空气温度的测量。

② 室内空气相对湿度的测量。

③ 空调送风口风速与风量的测量。

④ 室内平均风速的测试。

⑤ 室内大气压值测试。

五、注意事项

(1) 温、湿度测量中必须等待温度传感器与被测环境有足够的接触时间，如通风干湿球温度计，测温时间宜在 10 min。

(2) 风速仪表测量中，测量人员注意保持风速仪为静止状态，测风速前后的打开探头、启动关停电源、读数调零等工作必须严格按照风速仪的操作手册进行，减少测量误差以及对贵重设备的损伤。

六、数据记录与整理

不同气象参数单测点等精度测量数据记录，如表 10-1 所示。

表 10-1　各测点气象参数多次等精度测量统计表

测定次数	室内温度 t_n /℃	相对湿度 ϕ /%	室内微小速度 v /(m/s)	风口速度 /(m/s)	室内大气压 /Pa
1					
2					
3					
4					
5					
6					
7					
8					
9					
10					

七、思考题

(1) 分析所测室内温、湿度的分布规律。

(2) 空调风口风速测量中如何减小测量的误差？

(3) 测点的分布是否会影响室内平均温度？

(4) 空调房间热舒适参数与风速、干湿球温度间的关系分析。

(5) 空调送风口风量对室内风速有什么影响？

实验二 热电偶校验和标定实验

I 热电偶的焊制

一、实验目的与要求

(1) 掌握热电偶现场制作和焊接方法。

(2) 掌握热电偶点焊机的使用方法。

(3) 掌握制作好的热电偶用于热电偶校验的实验。

二、焊接原理与设备

(1) 电弧焊原理

电弧焊是一种利用碳棒电弧熔接焊法。碳棒接直流电源的正极，将热电偶丝的铜和康铜导线两端分别磨光对齐接在一起，然后接到直流电源的负极，用热电偶接头轻轻打击碳棒即可使热电偶接头熔接在一起。这种方法是利用高温电弧将热偶丝熔化连接在一起的，这样制作的热电偶适用于高温测量。

本实验采用的热电偶点焊机为 WR－025 型，为热工测量热电偶现场制作和焊接的专用焊接工具。热电偶点焊机性能参数如表 10-2 所示，热电偶点焊机的前面板示意图如图 10-5 所示，点焊接热电偶操作示意图如图 10-6 所示。

表 10-2 热电偶点焊机具体性能参数

外形尺寸 长×宽×高 /cm	重量 /kg	额定容量 /VA	电源电压 /V	充电电压 /V	热电偶丝直径 /mm
23×19×12		240	220	0～150	0.15～0.8

(2) 中间介质金属焊接原理

对于熔点较低的廉金属热电偶可以采用银或者锡的第三种金属对热电偶端点进行焊接制作。将热电偶丝的两根导线的两端分别磨光对接在一起，然后用银焊或锡焊连接而成，这种方法是利用熔化焊料连接而成。银焊或锡焊的热电偶适于低温范围(300 ℃以下)。

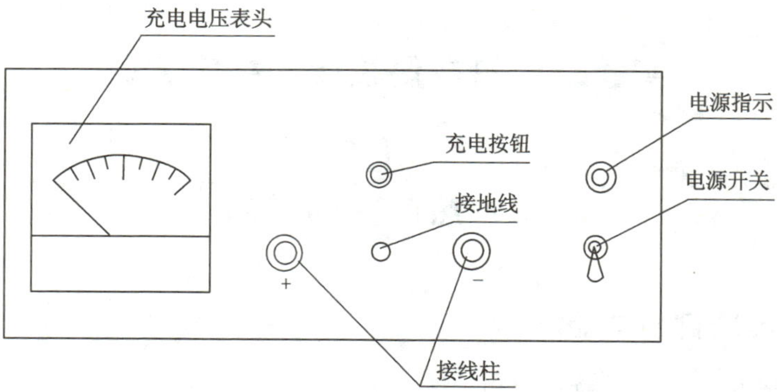

图 10-5　点焊机面板示意图

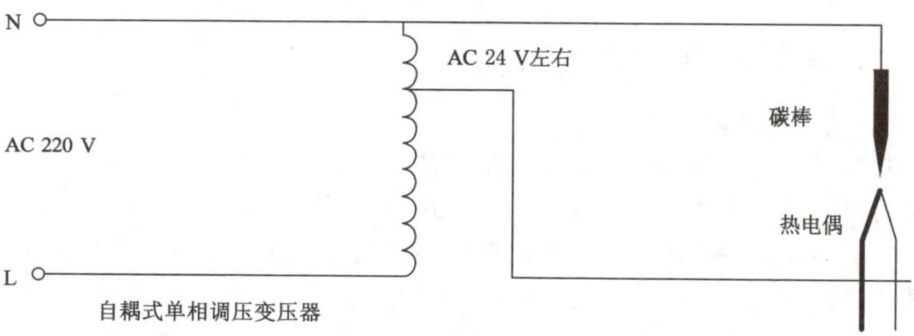

图 10-6　电弧焊接热电偶

三、使用方法

(1) 将电源插头插到交流 220 V 电源上,此时电源开关先置于"关"的位置。

(2) 将两个专用夹子分别接到前面板上的两个接线柱上("＋"端和"－"端)。

(3) 将两根待焊接热电偶丝的端部刮去绝缘层后,将它们夹在一个平口夹子上,且将顶端靠紧并剪齐,将铜-康铜热电偶丝两端分别用砂纸磨光、对齐,拧在一起(不超过 3 周)。

(4) 用另一个夹子夹住一定厚度的铝箔(铝箔的厚度视热电偶丝直径的大小而定,宜采用较厚的铝箔)。

(5) 打开电源开关(此时指示灯亮)。

(6) 将充电按钮按下,即开始充电,充电电压可在充电电压表头上读出,电压可在 0～15 V 任选。充电电压与热电偶丝直径大小的关系参见表 10-3。

表 10-3 充电电压与热电偶丝直径大小的关系

热电偶丝直径 /mm	0.15	0.20	0.25	0.30	0.40	0.50	0.80
充电电压 /V	30	40	50	60	80	100	150

注：充电电压除与热电偶丝直径有关外，还与热电偶丝材质、铝箔厚度等有关，故上表仅供参考。

(7) 当充电电压达到选定大小时，放开按钮，然后将热电偶丝顶端与铝箔表面快速碰撞而放电，就能完成焊接任务。如未能成功，可重选充电电压后，重复进行充电焊接。

注：如需将热电偶焊接在金属表面上，可将热电偶丝夹在一个夹子上，另一个夹子与该金属接通，然后按照步骤(6)进行充电后，再将热电偶丝的顶端与金属表面接触放电，即可将热电偶焊接到材料的重要部位上。

(8) 工作结束后，关闭电源开关，拔下电源插头。

四、注意事项

(1) 充电时，充电电压表头的指示不要超过 150 V。

(2) 长期不用后，使用时应反复多次充电，待电压较稳定时再用。

(3) 也可用锡焊制作热电偶。

五、思考题

(1) 热电偶丝拧成麻花团与直接切齐整焊接成功率有差异吗？

(2) 热电偶丝焊接的长度对焊接质量与测温误差有影响吗？

Ⅱ 热电偶的校验与标定

一、实验目的

(1) 掌握本实验测试中所接触到的仪表的使用方法，了解仪表的基本原理、构造及其技术性能规格。

(2) 掌握热电偶标定和校验的方法，找出温度与热电势的关系，绘制温度-电势曲线图。

(3) 学习实验数据整理方法。

二、实验原理

任何两种不同材料的导线，均可组成热电偶，用来测量物体的温度。用热电偶测温时，并不能直接读出温度，而是测出两节点的温差电势 E_t。要根据 E_t 求出温差，必须预先对热电偶进行标定，找出温度与热电势的关系，从而确定对应于 E_t 的温度。同一温差下，不同材料组成的热电偶测出的温差电势是不同的。使用任何材料制成的热电偶，都要进行标定，确定温度与电势的关系。

热电偶的标定通常是在恒温环境中进行的，即加热至某一温度，待其稳定后，测出对应于此温度的温差电势。改变温度至另一个数值，待其稳定后，又可测得温差电势。若使温度由低向高分别稳定在不同的温度，测出对应于温度的不同热电势，描绘在直角坐标系中(温度为纵坐标，电势为横坐标)，可以得到一条温度-电势关系曲线，即为被标定的热电偶特性。

由于热电偶材料的物理、化学性能比较稳定，测出的温度与电势基本呈线性关系。因此，在温度变化范围不大时，可通过线性回归分析求出温度与电势的线性回归方程：

$$t = aE_t \tag{10-2}$$

也可以把温度与电势做成表格以供查用。利用标定后的热电偶测温时，只要测出热电势 E_t，即可方便地求出所测温度。

三、实验装置

(1) 通用实验仪表

① 恒温槽或者管式电炉。

② 热电偶，分度号 K，工业用套管两支，铠装一支。

③ 电位差计。

④ 冰点槽。

(2) 高温热电偶标定用实验用仪表

① 均热体(外 ϕ22 mm×50 mm，内 ϕ16 mm×50 mm)一个。

② 热电偶，分度号 K，工业用套管两支，铠装一支。

③ 电源输出线、电源输入线、控温线各一根。

④ “标准”“检Ⅰ”“检Ⅱ”的热电偶连线和电位差计连线各一根。

本实验装置为 WR—024 型热电偶校验装置，可用于中温区工作的热电偶的标定和检验实验。本装置结构设计合理，采用电子调温，并设有温度监控、保护，体积小，重量轻，温度场恒温恒定，操作方便，安全可靠。本装置是采用在同一温度场条件直接比较的方法，与已选定的标准热电偶(或经计量部门标定的热电偶)作为标准进行比较,来标定和检验被测热电偶。也可用装置中的铠装热电偶作为标准进行教学试验,以此来演示和学习标定的检验方法。

本装置的高保温专用管式电炉,采用电子调温,在其炉膛中部的均热体可插入一个标准热电偶和两个被检热电偶,供热电偶在小于 800 ℃的中温区检验使用。仪表箱配有 K 分度 XMT—608 温度指示仪表,可在检验温区直接显示管炉内温度场的温度数值。控制点可根据需要在 0～800 ℃之间设定,通过调整电压,使炉温保持基本稳定。

在使用中如定期用比较法分别检定了一次仪表和二次传感器(工作热电偶),其检定值都可作为第二标准值,供检定中直接使用,可以减少反复检定的次数。

本装置的交流调压范围为 0～220 V,电源最大输出 10 A。

工作环境要求无强磁场,温度为 10～35 ℃,相对湿度小于 85%。

(3) 常用温度下热电偶的标定仪表

上述的热电偶校验装置用于测量高温的热电偶标定,建筑环境与能源应用工程多在－20～100 ℃的温度区间,此时需要采用恒温液体槽(酒精或者水)作为标准恒温场对制作的热电偶进行标定或校验。恒温液体槽内注入液体,液体深度可以完全淹没待测热电偶丝测量端,待标定热电偶与铠装标准热电偶可以直接置于液体内或者外包防护锡箔置于恒温槽内。利用恒温槽控制面板调节恒温槽内液体的温度,按照标定要求设置。高精度的恒温槽可控制在 0.01 ℃的温差。

四、实验步骤

(1) 高温热电偶检验步骤

① 将电源与仪表箱后面板上的电源输入端连接,电源插座应采用带接地的单相三线插座;用电源输出线将管炉与仪表箱后面板上的插座相连接;用温控线将管炉热电偶插座与面板上的“控温”端子相连接。

② 将均热体放在炉膛中心位置,标准热电偶与被检热电偶插入均热体的两侧,并分别将连线与仪表箱上的连接端子对应连接,然后将电位差计(用户自备)用连线与仪表箱上的连接端子对应连接(注意:红线为“＋”)。

③ 按下“电源”开关,系统开始通电。将设在电控箱面板上的“加温调节”钮逆时针旋到底,“加温电压指示”电表指示为零。

设定炉温的方法请参照相关资料,具体调节步骤如下:

按$\boxed{\text{SET}}\frac{\text{显示}}{\text{PP00}}$按$\boxed{\blacktriangle}\frac{\text{移动闪动位数}}{\text{PP00}}$按$\boxed{\blacktriangle}\frac{\text{显示}}{\text{PP01}}$按$\boxed{\text{SET}}\frac{\text{显示}}{\text{设定低限}}$按$\boxed{\text{SET}}\frac{\text{显示}}{\text{设定高限}}$按$\boxed{\text{SET}}\frac{\text{显示}}{\text{设定低限}}$按$\boxed{\text{SET}}\frac{\text{显示}}{\text{设定高限}}$按$\boxed{\text{SET}}\frac{\text{显示}}{\cdots\cdots}$按$\boxed{\text{SET}}\frac{\text{显示}}{\text{此时温度}}$，设定结束。

例如，设定低限温度为 498 ℃，高限温度为 500 ℃：

按$\boxed{\text{SET}}\frac{\text{显示}}{\text{PP00}}$按$\boxed{\blacktriangle}\frac{\text{移动闪动位数}}{\text{PP00}}$按$\boxed{\blacktriangle}\frac{\text{显示}}{\text{PP01}}$按$\boxed{\text{SET}}\frac{\text{设定低限}}{\text{498}}$按$\boxed{\text{SET}}\frac{\text{设定高限}}{\text{500}}$按$\boxed{\text{SET}}\frac{\text{设定低限}}{\text{498}}$按$\boxed{\text{SET}}\frac{\text{设定高限}}{\text{500}}$按$\boxed{\text{SET}}\frac{\text{显示}}{\cdots\cdots}$按$\boxed{\text{SET}}\frac{\text{显示}}{\text{此时温度}}$，设定结束，进入自控温度工作。500 ℃ 管炉自动断电，498 ℃自动通电，管路加温。

设定炉温后，调节加温电压，管炉升温，升至设定温度时，加热电压进入自控。

④ 右旋“加温电压调节”旋钮，观察电压表指示，此时为初始预热升温阶段。为延长炉体使用寿命，加温电压建议控制在 40 V 左右。然后，根据试验需要的恒温温度进行反复调节，直到稳定在需要的温度上。绝对稳定是不易控制的，应在基本稳定条件下快速测定。

⑤ 在温度基本稳定的情况下，依次按动转换键，在电位差计上读出相应热电偶的输出毫伏值。根据需要，重复操作上述步骤，进行反复检测。

(2) 常用温度热电偶检验步骤

① 接通冰点槽电源，启动冰点槽，将冰点槽恒温孔内的温度设置为 0 ℃，等待温度到达冰点并同时准备其他工作。

② 接通恒温水槽电源，设置恒温水槽温度。设定温度后，恒温槽自控温度。恒温槽温度按照热电偶测温的范围设置分段标定，间隔温度 5 ℃。为节省时间，可从接近室温的温度开始降温、再升温的方式分别设置。

③ 将焊制的铜-康铜热电偶测量端与铜导线相连并引至冰点槽内，将接点处于冰点槽孔内并用棉絮塞在孔口。

④ 将铜-康铜热电偶及标准热电偶的测量导线与自动式电位差计测量端相连，且电位差计分别置于毫伏与温度读数位置。

⑤ 开启电位差计，按照需要标定的温度，待温度稳定后，读取待测铜-康铜热电偶的电压数与毫伏数。标准热电偶的读数以及恒温槽设定的温度，采用单次测量或者多次读数测量。

五、实验说明

在标定和检验时，所有热电偶可不接冰点冷端，而用标准玻璃温度计(0.2 级)测定环境温度作为补偿。

六、实验数据整理与分析

(1) 记录所用的仪表名称、规格及编号。

(2) 实验数据记录(表 10-4)。

表 10-4 实验数据记录表

序号	1	2	3	4	5	6	7	8
温度/℃								
热电势/mV								

注:温度与电势为平均值。

(3) 绘制温度-电势曲线图,分析制作热电偶的误差。

(4) 分析自制热电偶误差产生的原因及减少制作过程测量误差的方法。

实验三　不同管路流量与流速测定实验

一、实验目的与要求

(1) 掌握空调管路流速与流量的不同测量方法。

(2) 熟悉地下空间巷道平均风速与流量的不同测量方法。

二、实验原理与实验方法

(1) 风速与风量的测量原理

① 动压法

在管流稳定段的断面设置测量孔，将毕托管或者匀速管测定各测量点的动压，按照动压与风速的关系式计算测量点的平均风速，进而根据等面积法计算出断面的平均风速与流量。

② 静压法

利用风机进口集流器测量风管内的风速，由于集流器的特殊性，集流器进口处静压等于风管内动压。

③ 机械风速仪或热电风速仪法

利用机械式风速测量原理及散热率法的热电风速仪表测量稳定断面各点的平均风速，然后计算出断面的平均风速与风量。地下空间巷道、空调风口通常采用此类方法。

(2) 实验方法

实验时，可根据实验室现有实验设备情况与实验要求选择多种测量方法，并体会各类方法的优缺点。具体的实验方法分别按照静压法、动压法、机械法或散热率法分类介绍。

① 测定断面的选择

为了得到管内空气真实压力，测量断面必须选择在气流组织平稳的直管段上。本实验测量断面选择在距管道进口不少于 10 倍管径的位置处(动压法)。静压法测量时，直接以集流器进口作为测量断面，在集流器进口设有静压环。

② 测定点的位置和个数

根据流体力学理论，管内气流速度分量分布呈非均匀性，动压力分布亦呈非均匀性，因而同一个测量断面上必须选择多个测量点，求其压力平均值。测量矩形风管内风量时，将矩形风管断面划分成若干个面积相等的小矩形，测点布置在每个小矩形的中心，小矩形每边的长度为 200 mm 左右。矩形断面测点布置如

图 10-7 所示。圆形断面按照等圆环面积法将断面等分成若干个等面积的同心圆环，然后分别在每个等积圆环再次等分的圆周上布置测点。圆形断面测点如图 10-8 所示。测量断面、测量点确定后，可用毕托管与微压计量断面静压和各点动压，求出断面的平均压力。

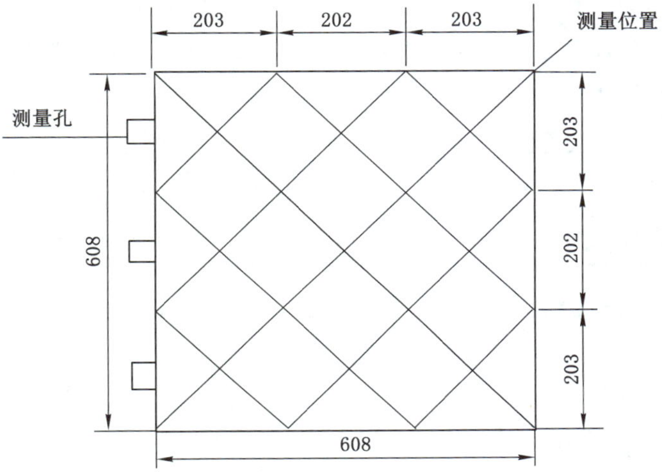

图 10-7　矩形风管内测点布置图

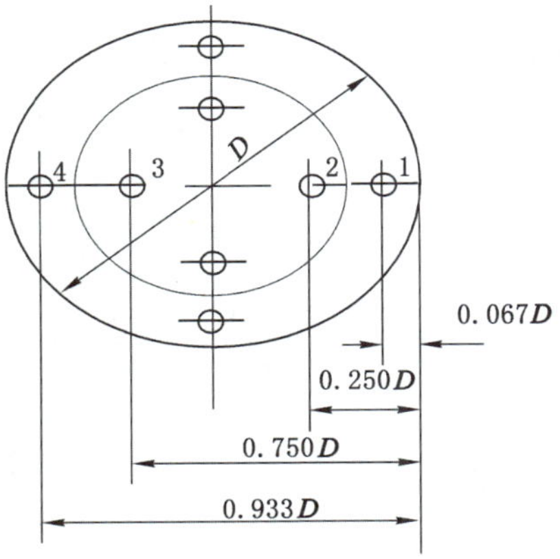

图 10-8　圆形风管内测点布置图

③ 风速仪测风速与风量的方法

风速仪可以按照等面积法，在测量断面的各个测点位置布置杯式风速表或者热电探头，直接测得各个断面的平均风速。这种测量方法适用于大断面地下通风巷道的风速与风量的测量。对于实验室地下空间模拟巷道或者实际工程中，通风巷道多是圆拱形或者梯形断面，测量人员可以迎面或者侧面在 1 min 内平移风速表测量平均风速与风量。风速表平移时方法较多，有四线法、六线法、迂回八线法，风速表移动的路线如图 10-9 所示。测量时，迎面法因人体测量时位于风速表背面，所测风速有所降低，测量值必须修正，已有文献中给出的测量风速的修正值为测量风速的 1.14 倍。而侧面法，因人体占据的通风断面积，测量断面积一般按照减少 0.4 m^2 计算。实验室内测量时，因测量断面小，无法采用平移法进行测量。

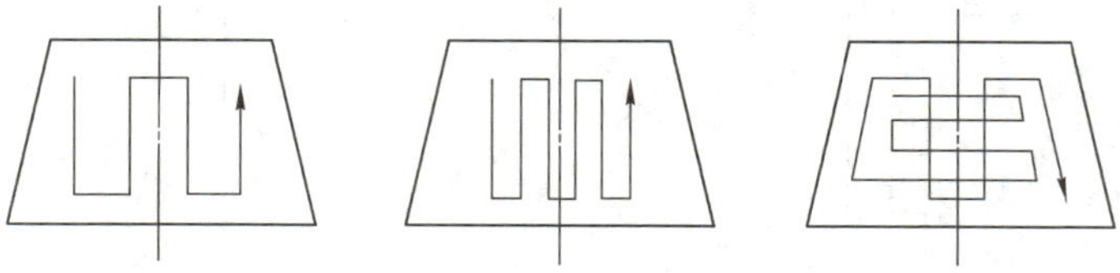

(a) 四线法　　(b) 六线法　　(c) 迂回八线法

图 10-9　梯形断面风量与风速测量方法

④ 计算方法

(a) 动压法

管内平均动压最优概值计算如下式所示：

$$P_d = (P_{d_1} + P_{d_2} + \cdots + P_{d_n})/n \tag{10-3}$$

根据动压定义，平均风速为：

$$v = \sqrt{2P_d/\rho_a} \tag{10-4}$$

(b) 静压法

$$v = \alpha\sqrt{2P_j/\rho_a} \tag{10-5}$$

(c) 测量断面风量

$$l = 60vF \tag{10-6}$$

式中　n——测点个数；

F——测量断面面积，m^2；

ρ_a——干空气密度，kg/m^3；

v——断面平均风速，m/s；

l——测量断面空气流量，m^3/min；

P_d——管内流动空气的动压，Pa；

P_j——风机集流器进口静压，Pa；

a——流量系数，取 0.98。

三、实验装置

（1）焓差室空调综合试验平台，如图 10-10 所示。

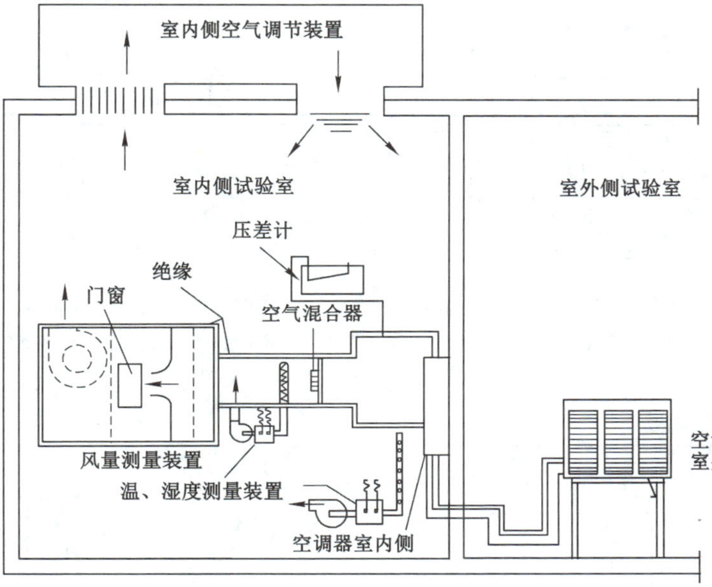

图 10-10　焓差室空调综合试验平台

（2）通风机性能试验平台，如图 10-11 所示。

（3）矿井高温热害环境模拟试验平台。

随着经济的发展，深部矿井巷道、城市综合管廊、城市地下轨道交通隧道、地下公路交通隧道等地下工程环境成为建筑环境与能源应用工程专业面对的工程对象与科学研究对象，各类大断面、狭长空间环境安全技术与热湿环境控制技术也不得不列为建筑环境测试技术的重要内容。其中，地下狭长空间环境的通风量与风速成为重要的测试目标。在实验室环境下，无法完全实现大断面狭长地下空间环境的全尺寸模型，只能在一定缩比下设计制造狭长形地下空间隧（巷）道。图 10-12 为煤矿 U 形采煤工作面模拟巷道，可用于采煤工作面及大断面狭长巷道空气环境控制技术的教学与科研。

（4）测量仪器：

① 热电风速仪。

② 机械风速仪。

③ 专用风量风速测量装置（孔板）。

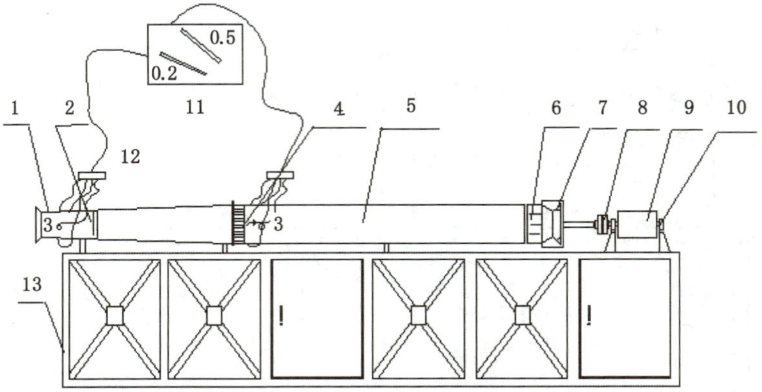

1—集流器；2—节流网；3—测压孔；4—整流栅；5—风管；6—接头；7—被测风机；8—连接轴；9—测功电机；10—测距力臂；11—斜管测压板；12—连通管；13—支架。

图 10-11　风机性能曲线实验装置

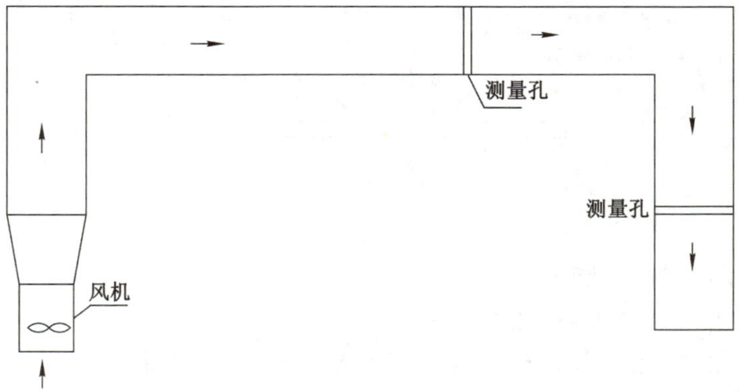

图 10-12　煤矿 U 形采煤工作面模拟装置

④ 毕托管。

⑤ 风量罩。

⑥ 涡街流量计、超声波流量计、文丘里流量计、转子流量计等。

四、实验步骤

风速与风量测量实验中，根据实验室的实际情况，可供本科生选择的实验有多种，其一是空调通风管路的风速与风量测量，其二是空调送风口风速与风量测量，其三是地下空间巷道断面风速与风量测量，其四是液体管路流量测量。因此，首先选定流速与流量测试实验方案，在实验方案的基础上确定实验步骤。

（1）动压法

① 将微压计调平调零，并选择合适的仪器常数。

② 将毕托管与微压计连接好，高压侧接"+"，低压侧接"-"。

③ 启动风机，并利用变频器调整合适的频率，待风机正常运转后，即可测量。

④ 将毕托管由测量孔插入，将测头放在确定好的位置处，保证毕托管与风管中心平行，同时与壁面垂直，读出动压值填入表 10-5 内。

（2）静压法

① 将微压计手柄放在校准位置，调平、调零。

② 用橡胶管将静压环接头与微压计连接好。

③ 启动风机，待风机运转正常以后，便可直接测量。

④ 将微压计手柄放在测量位置，直接可以读取静压值，填入表 10-6 内。

（3）风速仪法

① 取出热电风速仪，将热电风速仪探针穿进做好的橡胶塞内，风速仪伸入测量孔，根据探针刻度，将探针放入第一个测点位置，风速仪探头正对流动方向。

② 开启热电风速仪，检查电源电压正常后，进行仪表调零。

③ 启动风机，并利用变频器调整合适的频率，待风机正常运转后，即可测量。

④ 第一个测点读数完成后，然后沿垂直风管轴线方向往管中心缓慢平移探针，将测头放在确定好的下一位置处，待读数稳定后，读取第二点数据，依次将各测量点读数填入表 10-7 内。

五、实验注意事项

（1）严格按照各类仪器的操作规程，在实验老师的安全指导下，方可实际操作。

（2）遵守安全操作规程。

（3）试验仪器及试验操作不可破坏原有设备及管路。

六、实验数据处理与分析

（1）计算所测断面的平均风速及测量误差，并绘制断面速度分布图。

（2）动压法、静压法、热电风速仪三种方法对圆形风管测量时，哪一种测量误差大？分析其原因。

（3）为什么要对断面进行多点测量？如果测量断面不在管流稳流区，测量误差会如何变化？

表 10-5　动压法测量数据记录表

测定孔	测定次数	读数值 /mm	仪器 常数 K	动压计算值 /Pa	平均动压值 /Pa	平均风速 /(m/s)	平均风量 /(m^3/min)
	1						
	2						
	3						
	4						
	5						

表 10-6　静压法测量数据记录表

风管直径/mm	风管面积/m^2	集流器静压/Pa	平均风速/(m/s)	平均风量/(m^3/min)

表 10-7　风速仪法测量数据记录表

测定断面	测定次数	最小风速 /(m/s)	最大风速 /(m/s)	平均风速 /(m/s)	平均风量 /(m^3/min)	断面面积 /m^2
	1					
	2					
	3					
	4					
	5					

实验四 水流量测定与流量计性能实验

一、实验的目及要求

(1) 了解水流量的几种测量方法，了解各种测量仪表性能及各自的优缺点。

(2) 掌握流量仪表的使用方法。

(3) 了解各类流量计的性能。

二、实验原理与实验装置

(1) 实验原理

涡轮流量计作为标准流量计，其精度等级最高，且与实验装置中的流量计测量范围相一致。采用对比法测定流量系数或者流量的标定曲线。调整实验管路，使设定的水流依次流经各个低精度等级流量计，各流量计的测量值与作为标准流量计的涡轮流量计读数对比，计算得到相应的流量系数或者标定曲线。

(2) 实验装置

主要实验装置为一种液体流量校准装置，包括变频水泵、蓄水箱；若干管路与截止阀，包括多种流量计，如转子流量计、涡轮流量计、电磁流量计、孔板流量计、文丘里流量计，以及控制平台与流量的积算仪，电磁流量计为标准流量计。孔板流量计流量为 0.2～10 m^3/h，压差范围为 10～100 kPa；文丘里流量计流量为 0.2～10 m^3/h，压差范围为 10～150 kPa；转子流量计流量为 0.4～4 m^3/h；涡轮流量计流量为 0.1～10 m^3/h；电磁流量计为 0.1～10 m^3/h。

(3) 流量系数的计算与流量标定

① 节流装置流量系数的计算

根据节流装置流量计工作原理，不可压缩流体流量为：

$$q_m = \alpha\varepsilon \frac{\pi}{4} d^2 \sqrt{2\rho\Delta p} \tag{10-7}$$

则流量系数可由下式计算得到：

$$\alpha = 4q_m / (\pi\varepsilon d^2 \sqrt{2\rho\Delta p}) \tag{10-8}$$

式中 α——流量系数，与雷诺数、节流装置本身的形式、取压方式、孔径比有关；

d——节流元件开孔直径，mm；

ε——流体可膨胀系数，不可压缩流体值为 1。

② 流量计的流量标定

标定中，将标准流量计的数值作为真值或实际值，绘制实际流量曲线图，而被标定的流量计的测量平均值作为测量值，绘制标定流量曲线图，由此对比分析流量计各读数处的误差大小。

三、测量方法

(1) 转子流量计

转子流量计装在竖直管路中，开启竖直管路中的阀门，将蓄水箱内放满水至溢流口处，启动变频水泵，打开放气阀释放管路内的空气。待水泵正常工作后，读取浮子流量计流量(浮子上表面与刻度成像平行)。

(2) 涡轮流量计

准备工作与转子流量计一样，切断孔板流量计与孔板流量计前后阀门。水流经浮子流量计上升到水平管路后进入涡轮流量计所在的管路，待水泵正常运转后，打开流量积算仪电源，档位调至低六位，工作状态选择为瞬时流量，将选择开关选择在测量状态，在数码管上直接读取流量。

(3) 孔板流量计

先切断涡轮流量计与文丘里流量计测量管前后端阀门，开启孔板流量计管前后端阀门，待水泵运转正常后，读取压差及流量与标准流量计的流量，然后根据公式计算流量系数。

(4) 文丘里流量计

先切断涡轮流量计与孔板流量计测量管前后端阀门，开启文丘里流量计管前后端阀门，待水泵运转正常后，读压差及流量与标准流量计的流量，然后根据公式计算流量系数。

四、实验步骤

(1) 关闭上、下游阀门，启动水泵，缓慢打开流量阀门。

(2) 检查并驱赶系统和压差计中的气泡(因密度不同而影响误差)。

(3) 找出 $Re=5\,000$ 时流量所对应的孔板流量计压差示数(此时流量为实验最小流量，使孔板流量计压差示数达最大量程的流量为最大流量)。

(4) 调整流量使孔板流量计压差示数在最大和最小示数范围内均匀取 5 个点，读取并记录各压力表相应的数据，同时测量各流量水温用于计算密度。

(5) 先关闭上游阀门，再关闭下游阀门，停泵。

五、思考题

(1) 节流式流量计流量系数 C 随雷诺数 Re 的变化规律是怎样的?

(2) 测定节流式流量计(孔板、文丘里)的流量标定曲线。

(3) 测定节流式流量计的雷诺数 Re 和流量系数 C 的关系,并进行比较。

(4) 测定转子流量计与涡轮流量计的流量标定曲线。